SAMMLUNG GÖSCHEN BAND 796/796a

ELEKTRISCHE HÖCHSTSPANNUNGS-SCHALTANLAGEN
FÜR FREILUFT- UND INNENANORDNUNG

DIR. DIPL.-ING. GUSTAV MEINERS

und

ING. KARL-HEINZ WIESENEWSKY

mit 58 Abbildungen

WALTER DE GRUYTER & CO.

vormals G. J. Göschen'sche Verlagshandlung J. Guttentag, Verlagsbuchhandlung Georg Reimer Karl J. Trübner · Veit & Comp.

BERLIN 1964

 — Archiv-Nr. 7941642. — Satz und Druck: Deutsche Zentraldruckerei, Berlin 61. — Printed in Germany.

INHALT

Seite

7 Höchstspannungs-Innen-Schaltanlagen

1 Schaltanlagenbauformen

1.1 Wann Freiluft- und wann Innenanordnung?

1.11 Historische Entwicklung [1]

In den ersten Jahrzehnten der Energieübertragung mit Hochspannung handelte es sich ausschließlich um kleine Netze mit einer geringen Zahl von Verteilerstationen, für die es noch keine einheitlichen Richtlinien gab. Die höchste Betriebsspannung betrug in Deutschland 60 kV. Den kleinen Netzen entsprechend waren die Ausschaltleistungen gering.

Im Jahre 1911 wurde das erste deutsche 110-kV-Netz für die Lauchhammer AG gebaut, wodurch mehrere kleine Netze mit niedrigeren Spannungen zusammengeschlossen wurden. Alle für dieses Netz erforderlichen Schaltanlagen wurden aus Sicherheitsgründen als Innenanlagen erstellt, weil in Deutschland noch keine und im Ausland nur wenig Erfahrungen mit Betriebsspannungen über 100 kV gesammelt worden waren. Bei dem damaligen Stand der Anlagen- und Isoliertechnik stellte die Innenanlage also die vorteilhafteste Lösung dar (Bild 1).

Bedingt durch die außerordentlich großen Abmessungen der Geräte ergab sich bei einer Gebäudehöhe von 19,5 m eine Gebäudebreite von 14 m. Die Felderteilung betrug 9 m, so daß für jedes Schaltfeld einer einreihigen Anlage mit Doppelsammelschienen ein umbauter Raum von etwa 2500 m³ erforderlich war. Im Vergleich dazu werden heute bei modernen Innenanlagen mit blanken Leitungen und Geräten weniger als 30 % des damaligen Rauminhaltes benötigt. Es ist wahrscheinlich, daß im Laufe der Weiterentwicklung und insbesondere bei Anwendung neuzeitlicher Isoliermethoden und Isoliermittel der Raumbedarf auf weniger als 10 % des ursprünglich erforderlichen Raumes abnehmen wird. Allein die Überspannungsschutzein-

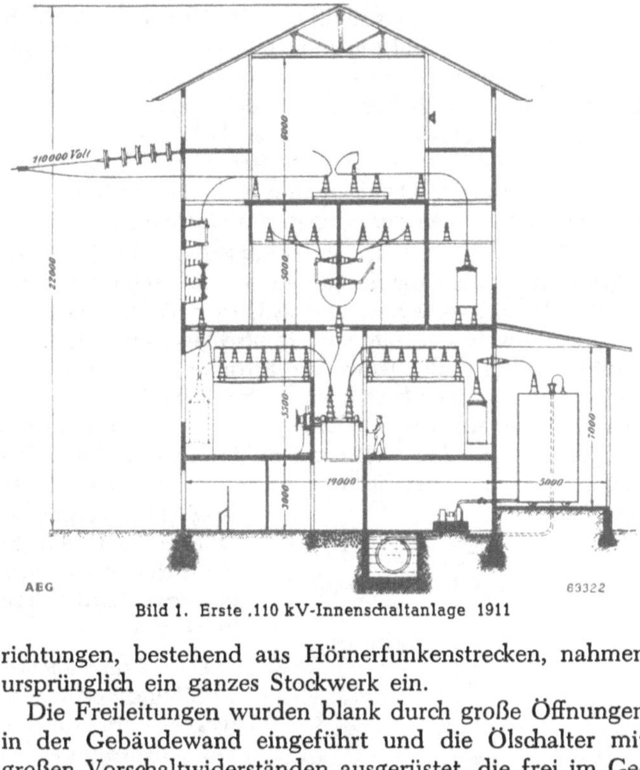

Bild 1. Erste 110 kV-Innenschaltanlage 1911

richtungen, bestehend aus Hörnerfunkenstrecken, nahmen ursprünglich ein ganzes Stockwerk ein.

Die Freileitungen wurden blank durch große Öffnungen in der Gebäudewand eingeführt und die Ölschalter mit großen Vorschaltwiderständen ausgerüstet, die frei im Gebäude montiert waren. Erst in späteren Jahren konnten durch Weiterentwicklung der Ölschalter die Widerstände in den Ölkessel verlegt und damit der Raumbedarf der Ölschalter wesentlich reduziert werden.

Der außerordentlich große Raumbedarf führte zu sehr kostspieligen Gebäuden. Durch Vergrößerung der allmählich entstehenden 110-kV-Netze und durch Netzzusammenschlüsse stieg die Kurzschlußleistung stark an. Als Folge von immer wieder auftretenden Ölschalterexplosionen sah man sich gezwungen, die Schaltanlagengebäude fester zu bauen und die Ölschalter in besonderen Räumen unterzubringen, die gegenüber den anderen Gebäudeteilen druckfest ausgebildet waren. Die Schalterräume selbst wurden ins Freie entlüftet. Derartige, aus Sicherheitsgründen entstandene Bauformen verteuerten die Gebäude noch mehr.

Auf Grund der mit den Freileitungen gesammelten Erfahrungen wurden die Isolatoren der Schaltgeräte weiter entwickelt und wetterfest gemacht, so daß man sich Anfang der Zwanziger Jahre in Deutschland entschloß, die ersten Freiluftschaltanlagen für Spannungen von 100 kV zu bauen. Trotzdem bestanden weiterhin Bedenken bezüglich der klimatischen Einflüsse und der Verschmutzung der Isolatoren. Als Gegenmaßnahme wurde durch Erhöhung der Zahl der Schirme der Isolatoren der Kriechweg stark vergrößert (Bild 2). Die Furcht vor Schneeverwehungen erwies sich als unberechtigt.

Bild 2. Verschiedene 110 kV-Stützer
a) Innenstützer,
b) Freiluftstützer,
c) Freiluft-Nebelstützer

Die zunehmende Erhöhung des Kriechweges insbesondere beim Nebelporzellan führte zu einer sehr hohen Sicherheit gegen äußere Überschläge, beispielsweise bei Wandlern, im Vergleich mit deren inneren Durchschlagsfestigkeit. Als Ausweg wurde die sogenannte Stabschutzfunkenstrecke, auch Koordinations-Funkenstrecke genannt, geschaffen.

Auf diese Weise wird die Überschlagsfestigkeit der Außendurchführungen künstlich herabgesetzt und dadurch der Überschlagsfestigkeit der Innenteile des Wandlers angepaßt (Bild 3). Diese Stabschutzfunkenstrecken stellen einen gewissen Überspannungsschutz dar. Sie haben aber den Nachteil einer geringen Ansprechgenauigkeit und einer großen Ansprechverzögerung. Infolgedessen ist ihr Schutzwert gegen Überspannungswellen mit steiler Wellenstirn z. B. im Falle von Naheinschlägen von Blitzen gering.

Da es sich bei dem Ansprechen der Stabschutzfunkenstrecken um einen ungedämpften Überschlag handelt, entsteht außerdem eine Entladungswelle mit steiler Stirn, die ihrerseits zu hohen Spannungsbeanspruchungen führen kann. Hieraus geht hervor, daß diese Schutzeinrichtung nicht sehr vollkommen ist. Sie stellt lediglich einen Grobschutz dar, der für den Fall in Reserve steht, daß andere Schutzeinrichtungen nicht ordnungsgemäß wirken.

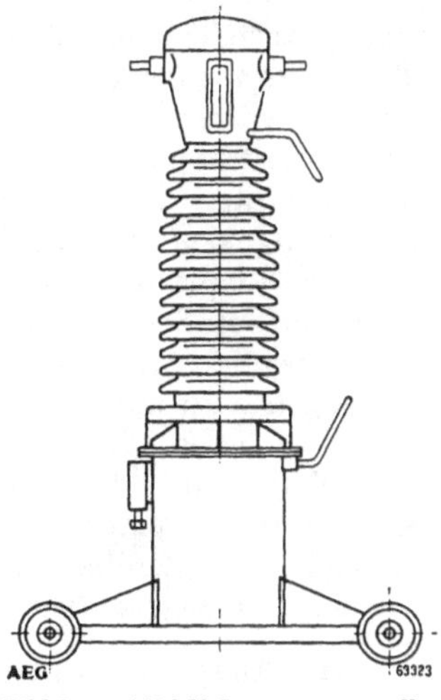

Bild 3. 110 kV-Spannungswandler mit angebauter Stabschutzfunkenstrecke

1.12 Heutiger Standpunkt

Zur Zeit werden die meisten Anlagen für Spannungen von 110 kV und darüber als Freiluftanlagen gebaut. In den letzten Jahren besteht eine Tendenz zur verstärkten

Anwendung von Innenanlagen, weil infolge der zunehmenden Industrialisierung die Verschmutzungsgefahr stark wächst, weil Geländemangel herrscht und weil 110-kV-Anlagen infolge des wachsenden Strombedarfs bis in die Innenbezirke von Großstädten und Großindustrien vordringen, so daß städtebauliche Gründe zum Bau von Gebäudeanlagen zwingen können.

1.13 Fragen der Weiterentwicklung

Es besteht in zunehmendem Maße die Möglichkeit, durch Anwendung neuzeitlicher Isolationsmethoden die Abmessungen von Hoch- und Höchstspannungsgeräten und -anlagen erheblich zu verkleinern und Schaltanlagenteile fabrikfertig herzustellen, um sie an der Montagestelle in rationeller Weise zusammenzubauen. Es ist wahrscheinlich, daß man in weiterer Zukunft derartige Anlagen in Hallen oder Gebäuden unterbringen wird.

Der Anschluß von in Städten liegenden Schaltanlagen erfolgt weitgehend über Höchstspannungskabel. Die grundsätzlichen Schaltungen von Höchstspannungsanlagen zur Versorgung von Städten und Industrien werden vereinfacht und den heutigen Ringkabelstationen für mittlere Betriebsspannungen angepaßt. Neben der Freiluftanlage werden Anlagen als überdachte Freiluftschaltanlagen und als Gebäudeanlagen aus denselben Bauelementen zusammengesetzt werden können. Für höchste Betriebsspannungen von 220 kV und darüber werden auch in nächster Zukunft die Freiluftanlagen vorherrschen.

1.2 Allgemeine Überlegungen über Freiluft-Schaltanlagen-Anordnungen

1.21 Hoch-, halbhohe und Flachbauweise

Diese Bezeichnungen beziehen sich auf die Anordnung der Geräte und Leitungen innerhalb der Anlagen. Bei der Hochbauform, wie sie in Bild 4 dargestellt ist, sind die

Geräte und die Sammelschienen übereinander angeordnet. Auf niedrigen Fundamenten (1) stehen die Strom- und Spannungswandler (2) und der Leistungsschalter (3). Links von den Wandlern in Richtung zur Freileitung befindet sich der Freileitungstrenner (4) auf einem besonderen Gerüst, dem sogenannten Trennertisch. Oberhalb des Leistungsschalters sind auf einem Portalträger Rücken an Rücken die Sammelschienentrenner (6) angeordnet. Darüber werden die Sammelschienen (7) an großen Auslegern entweder als Seile ausgeführt und abgespannt, wie das Bild erkennen läßt, oder, wie verschiedentlich im Ausland, als Rohrleiter unter Verwendung von Hängeketten aufgehängt.

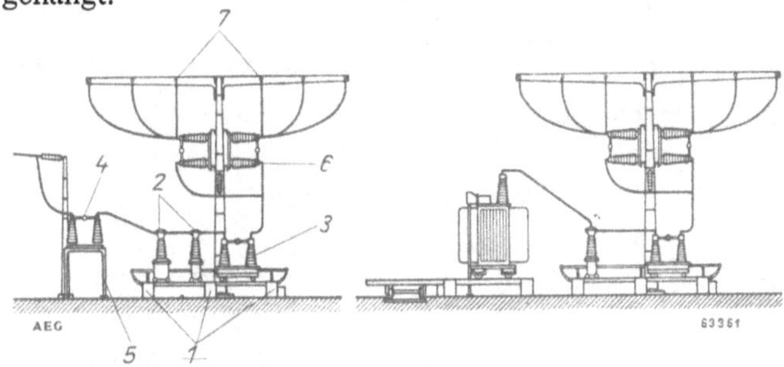

Bild 4. 100 kV-Freiluftschaltanlage in Hochbauweise

1 = Fundamente
2 = Strom- und Spannungswandler
3 = Leistungsschalter
4 = Freileitungstrenner
5 = Trennertisch
6 = Sammelschienentrenner
7 = Sammelschienen

Diese Bauform, die zwar mit einer geringen Grundfläche auskommt, erfordert schwere und daher teuere Gerüste und Gerüstfundamente. Ein weiterer, wichtiger Grund für die selten gewordene Anwendung dieser Bauform in Deutschland ist in der schlechten Zugänglichkeit der Sammelschienen und ihrer Trenner zu suchen.

Sehr weite Verbreitung hat eine halbhohe Bauweise gefunden, die unter der Bezeichnung „klassische Bauform“ oder „Mittelmastbauform“ in der Literatur bekannt ist (Bild 5) [2].

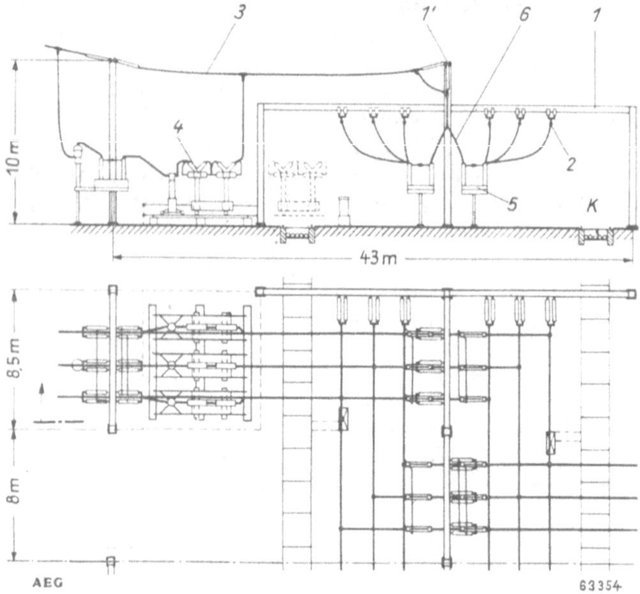

Bild 5. 110 kV-Freiluftschaltanlage in halbhoher Bauweise (klassische Bauform)

1 = Sammelschienenportale
1' = Mittelportal
2 = Sammelschienen
3 = Verbindungsleitungen
4 = Leistungsschalter
5 = Sammelschienentrenner
6 = Lösbare Sammelschienentrenneranschlüsse

Im Gegensatz zur Hochbauweise, bei der Leistungsschalter, Sammelschienentrenner und Sammelschienen übereinander angeordnet sind, stehen bei der klassischen Bauweise die Schaltgeräte im Leitungszug hintereinander. Vom betrieblichen Standpunkt aus gesehen, ist es immer wünschenswert, den Leistungsschalter nicht unter die Sammelschienen zu stellen, um eine der beiden Sammelschienen während des Betriebes abschalten und zugänglich machen zu können. Diese Forderungen sind von der klassischen Bauweise erfüllt. Der Gerüstaufwand ist zwar etwas größer als bei der Hochbauform, jedoch sind die Gerüstkonstruktionen leichter und die einzelnen Fundamente kleiner, weil die Portale (1) nur zum Abspannen der Sammelschienen (2) bzw. der Verbindungsleitungen (3) dienen. Vom Leistungsschalter (4) ausgehend, sind die Verbindungsleitungen oberhalb eines Sammelschienensystems verlegt. Am Mittelportal (1′) werden die Leitungen zwischen den Sammelschienen zu den Sammelschienentrennern (5) heruntergeführt. Die Leitungsführung wird hierbei so gewählt, daß während einer kurzen Betriebsunterbrechung eine der beiden Seilverbindungen herausgenommen werden kann. Anschließend kann an einem Sammelschienensystem und dem dazugehörigen Trenner gefahrlos gearbeitet werden, während der Betrieb des Abzweiges über das andere Sammelschienensystem weitergeführt wird. Kennzeichnend für die klassische Bauweise ist die Anordnung der Geräte und Leitungen in drei übereinanderliegenden Ebenen. In der untersten Ebene sind alle Schaltgeräte untergebracht, die zweite Ebene bilden die Sammelschienen und in der dritten Ebene liegen die Verbindungsleitungen zwischen den Sammelschienentrennern und den Leistungsschaltern. Die klassische Bauform findet praktisch nur bei Anlagen mit Drehtrennern — das sind Trenner, deren Trennmesser sich horizontal bewegen und die zwei oder drei Stützisolatoren haben — Anwendung (siehe Abschnitt 2.131).

Bei der Flachbauform werden alle Geräte unmittelbar auf dem Erdboden montiert. Die Leistungsschalter und Wandler werden z. B. auf Schwellenfundamenten montiert.

Eine derartige Anlage erfordert sehr viel Grundfläche, weil sich die spannungsführenden Teile verhältnismäßig niedrig über dem Erdboden befinden. Die direkt auf der Erde stehenden Geräte verschmutzen stark und ihre Antriebe können im Winter leicht einschneien und festfrieren. Der einzige Vorteil dieser Flachbauweise liegt in der Möglichkeit, ohne umfangreiche Fundamentierungsarbeiten sehr schnell die Geräte montieren zu können. Aus diesem Grunde wird die Flachbauweise vereinzelt für kleine Provisorien benutzt.

Die meisten Freiluftschaltanlagen für die verschiedensten Spannungen sind in Deutschland nach einer der im folgenden behandelten halbhohen Bauweisen errichtet worden. Diesen halbhohen Bauweisen ist die Anordnung der Schaltgeräte und Leitungen in zwei Ebenen gemeinsam.

1.22 Anordnung von Sammelschienen „unten" oder „oben" im Zusammenhang mit betriebstechnischen Fragen

Die Anordnung einer halbhohen Bauform mit Drehtrennern zeigt Bild 6. Im Schnitt dieses Bildes sind die zwei klar voneinander getrennten Ebenen zu erkennen. Die Verbindungsleitungen (1) zwischen Leistungsschalter und Sammelschienentrennern bilden die obere Ebene. Sie werden von Abspannportalen (2) gehalten. Die Sammelschienen (3) liegen auf den Drehtrennern auf, sind also „unten" verlegt.

Eine halbhohe Bauform, bei der die Sammelschienen „oben" liegen, geht aus Bild 7 hervor. Die Verbindungsleitungen (1) zwischen Leistungsschalter und Sammelschienentrennern, es handelt sich hier um Einsäulentrenner, liegen auf den Stützersäulen der Trenner auf. Daher sind für diese Verbindungsleitungen auch keine Abspannportale vorhanden. Lediglich die in diesem Falle „oben" liegen-

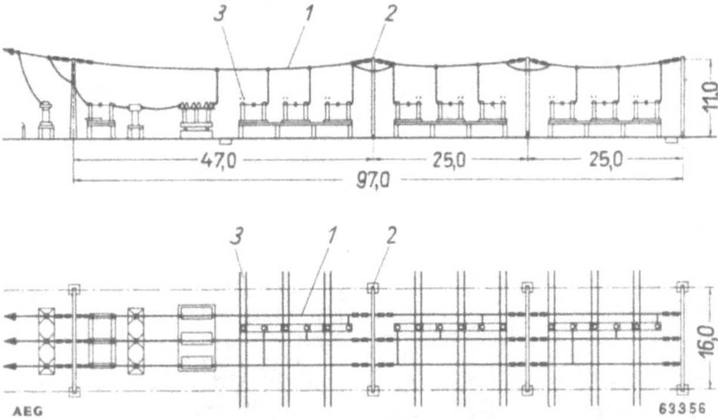

Bild 6. 220 kV-Freiluftschaltanlage in halbhoher Bauweise mit Drehtrennern und Sammelschienen „unten" (Reihen-Querbauform)

1 = Verbindungsleitungen
2 = Abspannportale für Verbindungsleitungen
3 = Sammelschienen

den Sammelschienen (3) werden an Sammelschienen-Abspannportalen (2) abgespannt. Über wie viele Felder hinweg diese zwischen zwei Portalen liegenden Sammelschienenseile abgespannt werden können, hängt von der Reihenspannung und von der verwendeten Trennerbauform ab. Der Aufwand an Eisenkonstruktion ist bei der Bauform nach Bild 6 etwa 30 bis 50 % größer als bei der nach Bild 7.

Die Frage, warum die erläuterten beiden Bauformen nebeneinander bestehen, läßt sich beantworten, wenn die Frage der Zugänglichkeit bestimmter Anlageteile während des Betriebes betrachtet wird. Sie spielt in der Betriebsführung eine große Rolle, denn z. B. kann die Verschmutzung der Isolatoren als Folge der zunehmenden Verunreinigung der Luft in unterschiedlichen Abständen zu Reini-

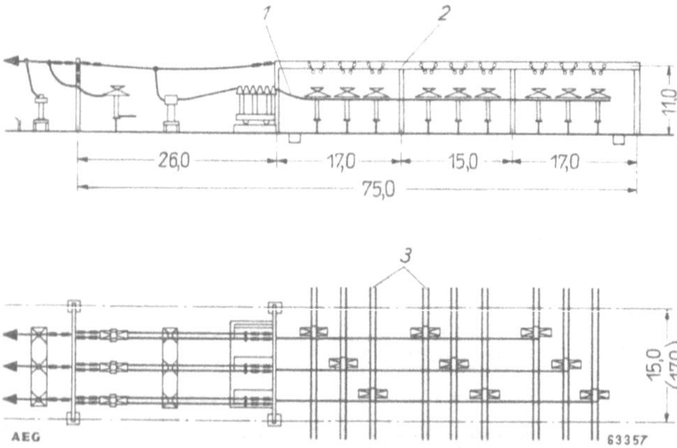

Bild 7. 220 kV-Freiluftschaltanlage in halbhoher Bauweise mit Einsäulentrennern und Sammelschienen „oben" (Diagonalbauform)

1 = Verbindungsleitungen
2 = Abspannportale für Sammelschienen
3 = Sammelschienen

gungsarbeiten zwingen. Je nach dem Netzaufbau und den Betriebsbedingungen gelangt man in einem Fall zu dem Standpunkt, daß eine Sammelschiene leicht zugänglich sein muß, während die Abzweige möglichst in Betrieb bleiben können, in einem anderen Fall kann die Forderung bestehen, die Abzweige leichter zugänglich zu machen, während die Sammelschienen in Betrieb bleiben müssen. Jeweils die in der unteren Ebene liegenden Leitungen sind leichter zugänglich.

Nach diesen Ausführungen erscheint die Beantwortung der Frage, ob die Anordnung der Sammelschienen „oben" oder „unten" vorteilhafter ist, einfach. Tatsächlich muß aber zunächst geprüft werden, welche betrieblichen Schwierigkeiten entstehen, wenn es sich darum handelt, die in der oberen, ungünstigeren Ebene liegenden Anlageteile gefahrlos zugänglich zu machen. Diese Schwierigkeiten sind beispielsweise besonders groß, wenn Seile oder Abspannisolatoren ausgewechselt werden müssen.

Bei „unten" liegenden Sammelschienen (Bild 6 u. Bild 9) können diese Sammelschienen ohne jede Betriebsunterbrechung ausgewechselt bzw. verstärkt werden. Sollen dagegen Verbindungsleitungen (1) oder deren Abspannketten ausgewechselt werden, dann ist der betreffende Abzweig und außerdem jeweils eine Sammelschiene abzuschalten. Es ist dagegen nicht erforderlich, außer dem betroffenen Abzweig noch einen anderen Abzweig der Anlage abzuschalten.

Anders liegen die Verhältnisse bei „oben" liegenden Sammelschienen nach Bild 7. Die unten auf den Trennerstützern aufliegenden Verbindungsleitungen (1) sind leicht zugänglich, wenn der betreffende Abzweig abgeschaltet wird. Muß an einer Sammelschiene (3) gearbeitet werden, sei es zum Auswechseln eines Seiles oder eines Isolators, dann müssen je nach der Anlagenspannung zwei oder mehr Hochspannungsfelder abgeschaltet werden, weil die Sammelschienen über mehrere Abzweigleitungen (1) hinwegführen. Dies stellt eine Betriebserschwerung dar, die in manchen Fällen als erheblicher Nachteil empfunden wird. Diese Überlegungen verlieren an Bedeutung, wenn besondere Maßnahmen zur „Umgehung von Anlageteilen" angewendet werden, die im Abschnitt 1.25 besprochen werden.

1.23 Die verschiedenen halbhohen Bauformen von Freiluftanlagen

Die Form des für eine Schaltanlage zur Verfügung stehenden Geländes, die verschiedenen Betriesbedingungen und der Wunsch nach möglichst wirtschaftlichen Schaltanlagen hat zu einer Anzahl von halbhohen Bauformen geführt, die in Deutschland allgemein üblich sind.

Leider haben sich für die einzelnen Bauformen verschiedene Namen eingeführt, deren Herkunft durch unterschiedliche Betrachtungsweisen entstanden sind. Zunächst sollen die Bauformen mit Drehtrennern behandelt werden, aus denen im Laufe der Entwicklung als Folge der Einführung der Einsäulentrenner weitere Bauformen entstanden sind. Bei allen diesen Bauformen bilden die Leistungsschalter mit den Wandlern, Abgangstrennern und Überspannungsableitern im wesentlichen immer gleichbleibende Gerätegruppen. Die kennzeichnenden Unterschiede der verschiedenen Bauformen leiten sich daher nur von der Zuordnung der Sammelschienen und der Sammelschienentrenner zueinander ab.

Für die folgenden Betrachtungen soll von der Lage der Trenner in bezug auf die Sammelschienenlängsachse der Anlage ausgegangen werden. Bei der in Bild 6 gezeigten Bauform mit untenliegenden Sammelschienen (3) liegen alle Sammelschienentrenner in einer Reihe quer zur Sammelschienenlängsachse. Daher wird diese Bauform auch Reihen-Querbauform genannt. Sie kann nur bei unten liegenden Sammelschienen angewendet werden. Nahezu alle Freiluftschaltanlagen des RWE[1]), die mit Drehtrennern ausgerüstet sind, wurden nach dieser Form gebaut. Daher wird diese Form häufig als RWE-Bauform bezeichnet. Als weiterer Name für diese Bauweise ist die Bezeichnung Tandem-Bauform zu finden, weil die Trennertische der einzelnen Sammelschienensysteme in einer Reihe hintereinanderliegen. Die Anordnung der zu einem Sammelschienensystem gehörenden Trennerpole auf einem gemeinsamen Trennertisch bringt wirtschaftliche Vorteile mit sich. Bis zu 150 kV können alle drei Pole von einem Antrieb, beispielsweise einem Druckluftantrieb, betätigt werden. Die Trennertische selbst werden leichter und billiger. Die Dreh-

1) Rheinisch-Westfälisches Elektrizitätswerk AG Essen.

trenner müssen mit ihrer Längsachse senkrecht zu der Achse der unten liegenden Leitungen stehen, um die erforderlichen Spannungsabstände einzuhalten.

Von dieser Überlegung ausgehend, ergibt sich für Anlagen mit oben liegenden Sammelschienen eine Trenneranordnung parallel zu den Sammelschienen (Bild 8). Die Verbindungsleitungen (1) zwischen Leistungsschaltern und Sammelschienentrennern liegen unten. Diese Drehtrenneranordnung parallel zu den Sammelschienen heißt Reihen-Längsbauweise. Die Lage der Trenner aller Felder jedes Sammelschienensystems in einer Reihe hintereinander führte zu der Bezeichnung Kiellinienbauform. Ferner wird die Reihenlängsbauweise noch als Polfolge- oder Reihenbauform bezeichnet. Wie im Abschnitt 1.22 behandelt

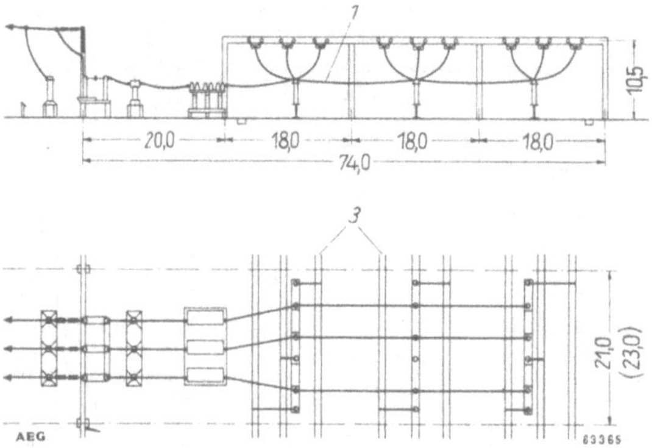

Bild 8. 220 kV-Freiluftschaltanlage in halbhoher Bauweise mit Drehtrennern (Reihen-Längsbauweise)
1 = Verbindungsleitungen 3 = Sammelschi

wurde, werden zum Abspannen der oben liegenden Sammelschienen jeweils nur nach mehreren Feldern Sammelschienenportale erforderlich. Werden die Sammelschienen

(3) im Bild 8 als Rohrleiter ausgeführt und in geeigneter Weise auf den Trennerköpfen befestigt, dann entfallen auch noch die wenigen Sammelschienenportale. Solche Anordnungen mit Rohr-Sammelschienen sind unter der Bezeichnung „portallose Reihenbauform“ bekannt.

Der Vergleich der Bilder 6 und 8 zeigt deutlich den Einfluß, den die Lage der Sammelschienen auf die Aufstellung der Sammelschienentrenner und damit auf die Form der Anlage hat. Obwohl beide Bauformen die gleiche Grundfläche benötigen, ist die Gestalt doch sehr verschieden. Während die Reihen-Querbauform einen schmalen Geländestreifen großer Tiefe voraussetzt, beansprucht die Reihen-Längsbauweise einen relativ breiten Geländestreifen mit geringer Tiefe.

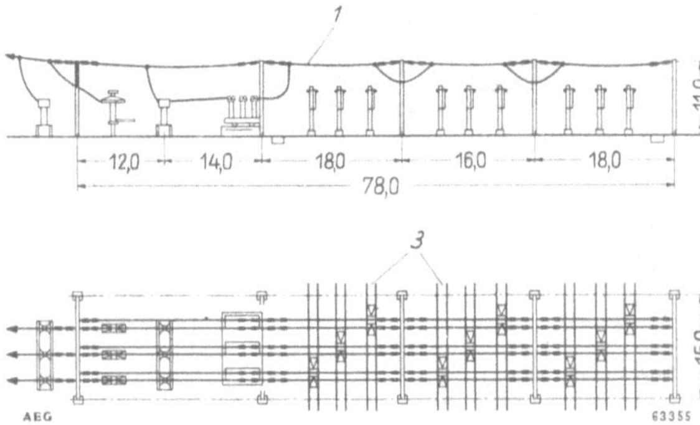

Bild 9. 220 kV-Freiluftschaltanlage in halbhoher Bauweise mit Einsäulentrennern und Sammelschienen „unten“ (Diagonal-Bauform)

1 = Verbindungsleitungen 3 = Sammelschi

Anders liegen die Verhältnisse bei den Bauformen mit Einsäulentrennern nach Bild 7 und 9. Die Trenner stehen in den Kreuzungspunkten der Verbindungsleitungen (1) mit den entsprechenden Sammelschienenphasen (3), wodurch die Trenner auf einer diagonal durch den Sammelschienenraum laufenden Linie zu stehen kommen. Daher wird diese Bauweise auch als Diagonal-Bauform bezeichnet, die mit unten und oben liegenden Sammelschienen ausgeführt wird. Die unterschiedliche Lage der Sammelschienen hat praktisch keinen Einfluß auf den Grundflächenbedarf.

Die hier geschilderten Bauformen sind mit geringen Abwandlungen in großer Zahl gebaut worden und erfüllen die in sie gesetzten Erwartungen. Eine Sonderbauform, die besonders in Frankreich große Beachtung gefunden hat, ist die Anlage „mit gemischten Phasen", die anschließend besprochen werden soll.

1.24 Bauform mit gemischten Phasen

Unter den Bestrebungen, die Schaltanlagen kleiner und billiger zu bauen, stellt die Bauform „mit gemischten Phasen" eine Lösung dar, die in Frankreich ausgearbeitet und vielfach angewendet wurde [3.4]. Wie eine genaue Untersuchung unter Berücksichtigung der deutschen Verhältnisse gezeigt hat, lassen sich im Vergleich zu herkömmlichen deutschen Bauformen etwa 20 % Grundfläche einsparen. Die Anlagekosten bleiben dabei jedoch nahezu unverändert [5].

Das Wesentliche der „Phasenmischung", die sich nur auf den Sammelschienenraum beschränkt, geht aus der schematischen Darstellung nach Bild 10 a—d hervor. Bild 10 a gibt den schematischen Aufbau der ungemischten Bauform nach Bild 9 wieder, jedoch ist zu beachten, daß im Bild 10 eine Anlage mit zwei Sammelschienensystemen dargestellt ist, während das Bild 9 die Anordnung für drei Systeme zeigt. Die Sammelschienentrenner, deren Lage und Öffnungsrichtung im Bild 10 nur symbolisch dargestellt wurde, sind mit 1 bezeichnet. Im Bild 10 a führen vom Leistungsschalter 3 die Verbindungsleitungen 2 zu den Sammelschienentrennern 1. Die Phasenleiter RST sind nach Sammelschienen-Systemen getrennt angeordnet. Der Abzweig I

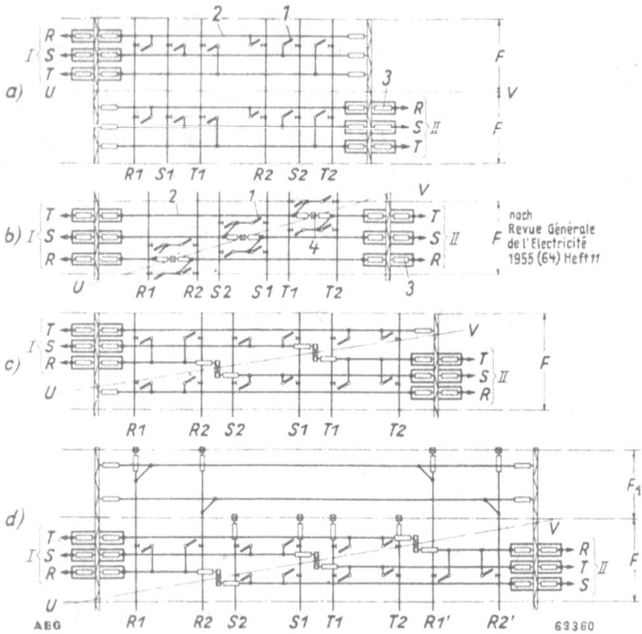

Bild 10. Schematische Grundrisse verschiedener Bauformen für Schaltanlagen

a) Reihenquerbauform

b) französische Bauform mit gemischten Phasen

c) Bauform mit gemischten Phasen und vier Phasenleitern je Feld

d) Bauform mit gemischten Phasen und mit Wiederholung einer Sammelschienengruppe und drei Phasenleitern je Feld

1 = Trenner
3 = Leistungsschalter
2 = Verbindungsleitungen
4 = Abspannstützen

verläßt die Anlage nach links. Der Abzweig II führt in Richtung nach rechts aus der Anlage heraus. Beide Abzweige werden durch die Gerade *U*—*V* getrennt, die senkrecht zur Sammelschienenlängsachse verläuft. Für jeden der beiden Abzweige ist die Felderteilung *F* erforderlich.

Im Bild 10 b sind die gleichen Bezeichnungen wie im Bild 10 a benutzt. Die Sammelschienenphasenleiter sind jetzt „gemischt" angeordnet, d. h. die zu einem Sammelschienensystem gehörenden drei Phasenleiter liegen nicht mehr nebeneinander [6]. Dafür sind jetzt die zur Sammelschienenphase *R* gehörenden Phasenleiter des Doppelsammelschienensystems *R* 1 und *R* 2 nebeneinander angeordnet. Entsprechendes gilt für die Sammelschienenphasen *S* und *T*

Diese Maßnahme übt einen wesentlichen Einfluß auf die Länge der Verbindungsleitungen 2 aus. Die Verbindungsleitung der Phase *R* des Abzweiges I wird jetzt sehr kurz, denn die Phasenleiter *R* beider Sammelschienensysteme liegen im linken Teil des Sammelschienenraumes. Sie endet an einer der Abspannstützen 4, die zwischen den Sammelschienenphasenleitern *R* 1 und *R* 2 angeordnet ist. Die Verbindungsleitungen der Phasen *S* und *T* des Abzweiges I enden an den entsprechenden Stellen. Wird durch die Abspannstützen 4 eine Gerade *U*—*V* gezogen, die jetzt etwa diagonal durch den Sammelschienenraum führt, dann wird nur der oberhalb dieser Geraden liegende Teil des Feldes *F* für den Abzweig I benutzt. In dem so gewonnenen freien Raum unterhalb der Diagonalen findet der nach rechts abgehende Abzweig II Platz.

Bei nahezu unveränderter Feldbreite *F* ist die Feldtiefe durch die hinzugefügten Abspannstützen im Sammelschienenraum nur geringfügig vergrößert worden, obwohl jetzt zwei Abzweige in einem Feld untergebracht sind.

Diese in Frankreich ausgeführte Bauform hat aber, mit deutschen Betriebsverhältnissen verglichen, einen Nachteil. Ein Teil der Sammelschienentrenner, nämlich die der Phase *T* des Abzweiges I und die der Phase *R* des Abzweiges II, liegen genau auf den außen liegenden Feldbegrenzungslinien, so daß Trenner verschiedener Felder auf einer Linie liegen und damit die Felderunterscheidung erschwert ist. Dem verbreiteten deutschen Betriebswunsch nach klar getrennten Feldern kommt die Lösung nach Bild 10 c entgegen. Hier liegen unter Beibehaltung der gemischten Phasenanordnung keine Sammelschienentrenner mehr auf den Feldbegrenzungslinien, was allerdings eine geringe Felderverbreitung gegenüber der Anordnung nach Bild 10 b zur Folge hat. Ein betrieblicher Vorteil besteht darin, daß die Sammelschienentrenner 1 nicht mehr so eng um die Abspannstützen 4 herum angeordnet sind und damit auch die Sammelschienentrenner des Abzweiges I einen größeren Abstand von denen des Abzweiges II aufweisen. Bild 11 zeigt zwei Felder mit vier Abzweigen, die der schematischen Anordnung nach Bild 10 c entsprechen.

Es ist kennzeichnend, daß die Phasenleiter S 1 und S 2 der einzelnen Sammelschienenphasen im Bild 10 b—d in anderer Reihenfolge angeordnet sind, als das im Bild 10 a der Fall ist. Diese veränderte Anordnung ist für Arbeiten im Sammelschienenraum von Bedeutung. Durch die Anordnung nach Bild 11 liegen die Phasenleiter R_2 und S_2 sowie S_1 und T_1 eines Sammelschienensystems nebeneinander, wodurch die Absperrmaßnahmen bei Arbeiten in der Hochspannungsanlage etwas erleichtert werden können. Trotzdem ist es bei Bauformen mit gemischten Phasen immer schwieriger, Anlagenteile gefahrlos zugänglich zu machen, als dies bei ungemischten Bauformen der Fall ist.

Es wurde schon erwähnt, daß die Geländeersparnis praktisch nicht von einer Kostenminderung begleitet wird, ja es kann sogar eine geringe Kostenerhöhung eintreten, weil teilweise der Aufwand, z. B. an Gerüstkonstruktionen, steigt und unter Umständen die Kabelwege länger werden. Ferner ist zu bedenken, daß bei den Bauformen mit gemischten Phasen die Geländeersparnis nur dann zum Tragen kommt, wenn alle Abzweige wechselseitig angeordnet

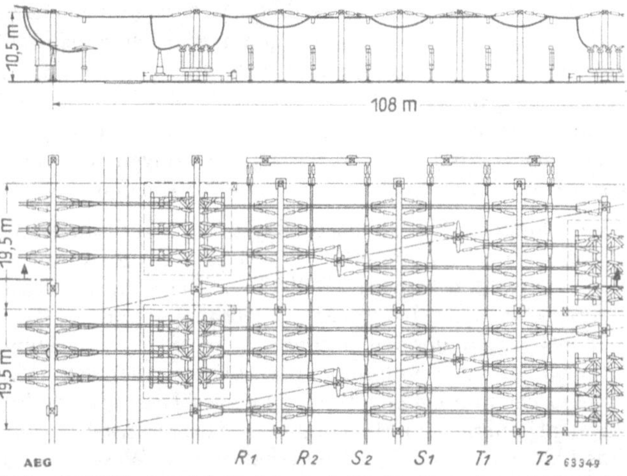

Bild 11. 220 kV-Freiluft-Schaltanlage in halbhoher Bauweise mit Einsäulentrennern und Sammelschienen „unten" (Gemischte Bauform)

werden können, d. h. der erste Abzweig verläßt die Anlage nach links, der zweite verläßt die Anlage im gleichen Feld nach rechts und so fort, daß schließlich in jedem Feld zwei Abzweige untergebracht sind. Diese Regel läßt sich aber in den meisten Fällen nicht verwirklichen. Ob sich in Zukunft die Voraussetzungen für die Anwendung der Phasenmischung zu deren Gunsten verändern, bleibt abzuwarten und hängt von der Bedeutung der ermöglichten Geländeersparnis ab [7, 8].

1.25 Umgehungsanordnung mit der Aufgabe, Geräte der Hochspannungs-Schaltanlage vorübergehend zugänglich zu machen

Vielfach ergibt sich die Notwendigkeit, Leistungsschalter für Reinigungsarbeiten oder zu Revisionszwecken zugänglich zu machen, ohne daß deswegen der Abzweig abgeschaltet werden muß. Aus diesen Überlegungen heraus sind die verschiedensten Umgehungsanordnungen entwickelt worden. Grundsätzlich kann man zwischen den Umgehungsschaltungen, die innerhalb eines Feldes ausgeführt werden — eine in Deutschland nicht benutzte Schaltung —, und den Umgehungsschaltungen mit besonderen Umgehungs-Sammelschienen unterscheiden.

Bei Doppelsammelschienenanlagen kann die sogenannte „Zweileistungsschaltermethode" [9] als Umgehungsschaltung verwendet werden (Bild 12 a). Diese Schaltungsart ist aber kostspielig, besonders bei Höchstspannungsanlagen, weil jedes Feld doppelt ausgerüstet werden muß. Außerdem ist diese Anordnung auf Doppelsammelschienensysteme beschränkt. Die Umgehung des Leistungsschalters *L* 1 erfolgt ohne Unterbrechung des Stromtransports durch Umschalten auf den Leistungsschalter *L* 2. Wesentlich geringeren Aufwand erfordert die Umgehungsschaltung nach Bild 12 b. Bei dieser Anordnung, die auch nicht auf Doppelsammelschienenanlagen beschränkt ist, wird nur ein Umgehungstrenner *T* 4 zusätzlich benötigt. Die Trenner *T* 1 bzw. *T* 2 und *T* 3 werden geöffnet, während einer kurzen Unterbrechung des Stromtransportes die Verbindung *X* entfernt und die Trenner *T* 1 bzw. *T* 2 und *T* 4 eingeschaltet. Damit wird der Leistungsschalter *L* umgangen. Bei Höchstspannungsanlagen ist diese Maßnahme allerdings sehr zeitraubend und schwierig, da die Arbeiten in großer Höhe oberhalb des Geländes durchgeführt werden müssen.

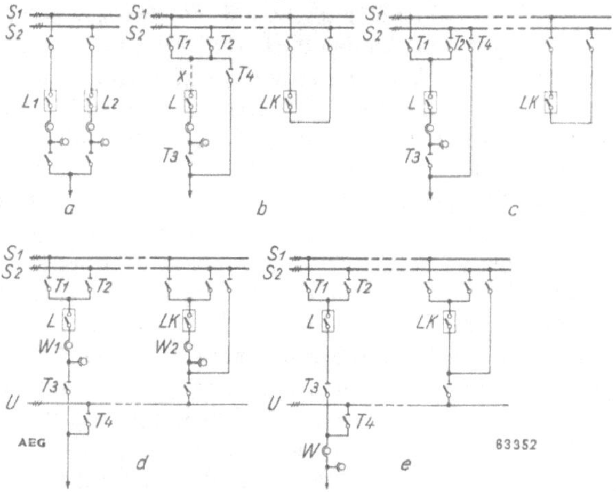

Bild 12. Verschiedene Umgehungsanordnungen für Leistungsschalter bzw. für Schaltanlagenfelder

a) Zweileistungsschaltermethode
b) Leistungsschalterumgehung mit Umgehungstrenneranschluß hi Sammelschienentrennern
c) Leistungsschalterumgehung mit Umgehungstrenneranschluß an Sammelschiene S 2
d) Schaltfeldumgehung mit Umgehungsschiene. Wandler Umgehung.
e) Schaltfeldumgehung mit Umgehungsschiene. Wandler Umgehung

Da trotz der Umgehungsschaltung der Abzweig nicht ohne Leistungsschalter betrieben werden soll, muß der Kupplungs-Leistungsschalter *LK* vorübergehend die Funktion des umgangenen Leistungsschalters *L* ersetzen. Wenn man beispielsweise davon ausgeht, daß sämtliche Abzweige auf der Sammelschiene S 1 liegen, steht die Sammelschiene S 2 als eine Art Umgehungsschiene ausschließlich für den zu überbrückenden Abzweig zur Verfügung, der dann über den Kupplungsschalter *LK* ebenfalls auf die Sammelschiene S 1 geschaltet wird. Bei dieser Schaltungsart (12 b) kann jede der Sammelschienen als Umgehungsschiene benutzt werden, was sich günstig auf die Freizügigkeit im Bereich der Sammelschienen auswirkt. Allerdings kann die Umschaltung auf Umgehungsbetrieb nur mit einer Betriebsunterbrechung für den betreffenden Abzweig erfolgen, weil das Leitungsstück *x* entfernt werden muß. Diese Schaltung wird im Ausland verschiedentlich benutzt, während sie in Deutschland nicht angewendet wird. Wenn es die Platzverhältnisse zulassen, kann die Verbindung durch einen weiteren Trenner ersetzt werden, so daß beim Übergang auf Umgehungsbetrieb keine Betriebsunterbrechung notwendig wird. Nach dieser Methode werden in Südamerika teilweise Umgehungsschaltungen ausgeführt.

Unterbrechungslos kann die Umschaltung auf Umgehungsbetrieb erfolgen, wenn die Schaltung nach Bild 12 c angewendet wird. Der Trenner *T* 4 liegt in diesem Falle direkt an der Sammelschiene S 2, so daß nur diese Schiene die Funktion der Umgehungsschiene übernehmen kann. Der Leistungsschalter *LK* im Kuppelfeld dient wiederum zum Ersatz des Leistungsschalters *L*. Das Herausnehmen eines Leitungsstückes ist nicht erforderlich.

Bei der Schaltung nach Bild 12 b bereitet die völlige Abschaltung des umgangenen Abzweiges für Arbeiten, wie sie im Abschnitt (1.22) behandelt wurden, gewisse Schwierigkeiten, d. h. die erläuterten Methoden sind in bezug auf die Zugänglichkeit während des Betriebes nur unvollkommen.

Günstigere Betriebsverhältnisse werden erzielt, wenn eine eigens für Umgehungsschaltungen reservierte Umgehungsschiene *U* außerhalb des Sammelschienenraumes vorgesehen wird, wie das bei den folgenden Schaltungen nach den Bildern 12 d und 12 e der Fall ist. Der Umgehungstrenner *T* 4 in Bild 12 d wird an die Umgehungsschiene *U*, die noch außerhalb des Leistungsschalterraumes liegt, angeschlossen. Der Leistungsschalter *LK* im Kuppelfeld, das in diesem Fall einen Trenner mehr enthält, wird wiederum als Ersatzschalter benutzt. Durch Öffnen der Trenner *T* 1 bzw. *T* 2 und *T* 3 wird der Leistungsschalter *L* einschließlich seiner Strom- und Spannungswandler *W* 1 spannungslos gemacht, ohne daß der Betrieb unterbrochen werden muß. Diese Anordnung stellt eine schaltungstechnisch zufriedenstellende Lösung dar. Allerdings erfordert diese Art der Umgehung im Hinblick auf die Umschaltung der Meß- und Auslöseleitungen der zum Abzweig gehörenden Schutzrelais auf die Kuppelfeldwandler einen großen Aufwand an Umschalteinrichtungen, der die Zuverlässigkeit und die Genauigkeit nachteilig beeinflußt. Die an die Umgehungsschiene anzuschließenden Abzweige haben oftmals völlig voneinander abweichende Schutzeinrichtungen, wie beispielsweise Differentialschutz für Transformatorabzweige und Distanzschutz für Leitungsabzweige. Hinzu kommen noch unterschiedliche Übersetzungsverhältnisse der Stromwandler. Alle diese verschiedenen Schutzeinrichtungen sollen aber auch bei Umgehungsbetrieb wirksam bleiben. Darum müssen sie auf die Kuppelfeldwandler *W* 2 geschaltet werden, während ihre Auslöseleitungen auf den Leistungsschalter *LK* des Kuppelfeldes umzuschalten sind. Diese Umschaltungen sind umfangreich, nicht leicht zu übersehen und sie können zu Schwierigkeiten führen, weil sie nur außergewöhnlich selten gebraucht werden. Hinzu kommen Schwierigkeiten als Folge der Verschiedenheit der Stromwandler-Übersetzungen in den einzelnen Hochspannungsabzweigen und im Kuppelfeld. Um diesen Nachteil zu beseitigen, wurde die Schaltung nach Bild 12 d so geändert, daß der Wandler *W* 1 auf die Leitungsseite verlegt wurde, so daß er als Wandler *W* im Bild 12 e erscheint. Er liegt jetzt vor den Trennern *T* 3 und *T* 4, also auch bei Betrieb über die Umgehungsschiene *U* im Zuge der Leitung. Die konstruktive Lösung dieser

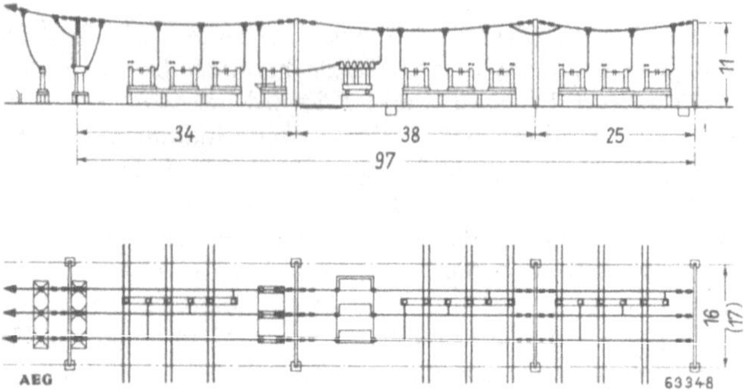

Bild 13. 220 kV-Freiluftschaltanlage in halbhoher Bauweise mit Umgehungsschiene. Umgehungsschalter nach Bild 12 e

Schaltung (Bild 12 e) für eine 220-kV-Freiluftschaltanlage geht aus Bild 13 hervor.

Bei der Schaltung nach Bild 12 e sind allerdings die Wandler *W* nicht mehr abschaltbar und nur noch dann zugänglich, wenn die angeschlossene Leitung abgeschaltet wird. Zu diesem Schritt hat man sich in vielen Fällen entschlossen, weil die Wandler zu so betriebssicheren Geräten entwickelt wurden, daß sie ohne Wartung dauernd in Betrieb bleiben können. So wurde erreicht, daß die Schutzeinrichtungen nicht auf andere Wandler umgeschaltet werden müssen. Lediglich die Auslöseleitungen für Schutzauslösungen werden vom Leistungsschalter *L* auf den Schalter *LK* umgeschaltet, eine Maßnahme, die ohne nennenswerten Aufwand und mit großer Betriebssicherheit durchgeführt werden kann. Das bisher Gesagte läßt erkennen, welche grundsätzlichen Schaltungen für den Schaltanlagenbau in Deutschland üblich sind. Über diese Schaltungsmaßnahmen hinaus übt besonders die Art der verwendeten Sammelschienentrenner und ihre Aufstellung auf dem Gelände einen großen Einfluß auf die äußere Gestalt der Schaltanlage aus.

2 Hochspannungsgeräte des Schaltanlagenbaues

2.1 Schaltgeräte

2.11 Leistungsschalter

Solange es sich um kleine Netze mit geringen Ausschaltleistungen handelte, konnte man sich mit den verhältnismäßig einfachen Ölkesselschaltern begnügen, die aber mit zunehmender Spannung und steigender Leistung so große Ölmengen enthielten, daß schon frühzeitig, besonders in Deutschland, andere Wege zur Beherrschung der Ausschaltleistung beschritten wurden.

Dem Leistungsschalter fällt die schwierige Aufgabe zu, jede an seinem Einsatzort auftretende Leistung sicher, schnell und zu jeder Zeit ein- oder auszuschalten, einerlei, ob es sich um leerlaufende Leitungen, vor allen Dingen Kabel mit ihren großen kapazitiven Ladeströmen, um leerlaufende Transformatoren mit großen induktiven Magnetisierungsströmen, Lastschaltungen oder Kurzschlußschaltungen handelt. Von seiner Leistungsfähigkeit hängt die Betriebssicherheit des gesamten Netzes ab, wobei festzustellen ist, daß die von diesen Schaltern geforderte Ausschaltleistung der Netze dauernd ansteigt.

Der in der Vergangenheit ausschließlich verwendete Leistungsschalter ist der Ölkesselschalter, der zur Steigerung der Ausschaltleistung auch mit Vorschaltwiderständen ausgerüstet wurde, die beim Ausschalten kurzzeitig in den Stromkreis eingeschaltet wurden, um die Heftigkeit der Stromunterbrechung zu vermindern. Diese Widerstände wurden ursprünglich außerhalb des Ölkessels angeordnet. Im Verlauf der Schalterentwicklung wurden diese Widerstände zur besseren Kühlung und zur Einsparung von Durchführungen mit in den Ölkessel eingebaut. Nach verschiedenen Ölschalterexplosionen, die oft auf Fehler an den eingebauten Vorwiderständen zurückzuführen waren, hat man das Problem der Leistungssteigerung auf bessere Weise gelöst, ohne jedoch die Möglichkeit von Ölschalterexplosionen ganz ausschließen zu können. Man baute druckfeste Löschkammern mit erzwungener Ölströmung in die Schalter ein und konnte damit auch die Ölmengen vermindern. In einigen Ländern wird heute noch der Ölschalter als Leistungsschalter verwendet und weiterentwickelt.

In anderen Ländern, zuerst in Deutschland, ist man seit etwa 25 Jahren zum ölarmen Schalter, zu einem, dem ölarmen Schalter ähnlichen sog. Expansionsschalter, bei dem „Expansin" oder Öl als Löschmittel benutzt wird [30] und zum völlig öllosen Druckgasschalter übergegangen. Druckgasschalter werden besonders bei sehr hohen Spannungen in der ganzen Welt in zunehmendem Maße angewendet. Bei Ausführung des Leistungsschalters als ölloser Schalter fällt die Explosionsgefahr fort.

Sowohl aus technischen als auch aus wirtschaftlichen Gründen führt man die Schalter für hohe Spannungen in zunehmendem Maße mit Mehrfachunterbrechung aus, welche gestattet, die Schalter nach dem Baukastenprinzip aus jeweils gleichen Teilen zusammenzusetzen. Derartig aufgebaute Druckgasschalter für verschiedene Spannungen und Schaltleistungen stellt das Bild 14 dar.

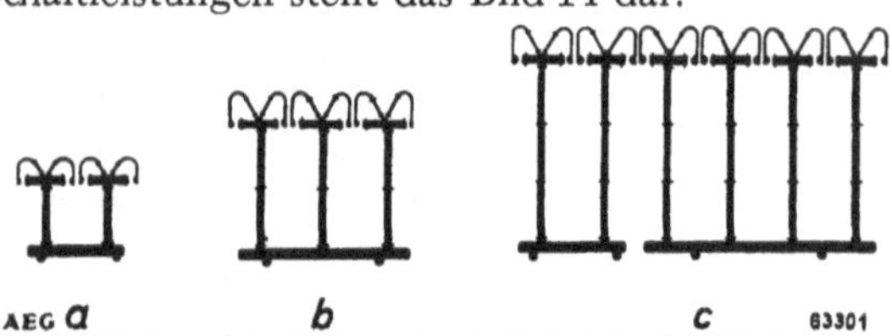

Bild 14. Baustein-System der Mehrfach-Freistrahlschalter
a) Reihe 110 b) Reihe 220 c) Reihe 380

In Netzen mit hohen Spannungen wird meistens die starre Sternpunkterdung angewendet. In Deutschland ist sie in 220-kV- und 380-kV-Netzen gebräuchlich. Sie hat den Zweck, verschiedene, mit Erdschlüssen in isolierten Netzen zusammenhängende Schwierigkeiten zu beseitigen.

In starr geerdeten Netzen wird jeder Erdschlußstrom zum Erdkurzschlußstrom, der ein schnelles Ansprechen der Schutzeinrichtungen und ein sofortiges Ausschalten durch einen Leistungsschalter zur Folge hat. Damit wird die Fehlerstelle stromlos und der dort auftretende Lichtbogen erlischt. In den meisten Fällen ist damit auch nach kurzer Regenerierung der Fehlerstellen der Erdkurzschluß beseitigt, so daß der abgeschaltete Netzteil wieder eingeschaltet werden kann.

In Verbindung mit entsprechenden Schutzeinrichtungen wird daher an moderne Leistungsschalter die Forderung gestellt, in Bruchteilen einer Sekunde unter Umständen zweimal nacheinander einen Erdkurzschlußstrom abzuschalten. In einem solchen Störungsfall wird der Leistungsschalter ein- oder dreipolig für eine kurze einstellbare Zeitspanne ausgeschaltet, die so groß bemessen ist, daß Erdkurzschluß-Lichtbögen in den meisten Fällen erlöschen können und die Fehlerstelle wieder eine genügend große Spannungsfestigkeit erreicht, die andererseits aber so kurz ist, daß die Motoren der Stromabnehmer nicht außer Tritt fallen. Dann, nach Bruchteilen einer Sekunde, wird automatisch der Leistungsschalter wieder auf die Leitung geschaltet. Diese Schaltmethode wird mit Kurzunterbrechung (KU) bezeichnet. Ist beim Wiedereinschalten der Leitung die Spannungsfestigkeit an der Fehlerstelle erreicht, dann bleibt die Leitung in Betrieb. Im anderen selteneren Fall wird ein neuer Lichtbogen gezündet, worauf die Leitung endgültig ausgeschaltet wird.

Die starre Sternpunkterdung bringt also ein häufigeres Auftreten von Kurzschlüssen und eine stärkere Beanspruchung der Leistungsschalter mit sich.

2.12 Lasttrennschalter

In neuerer Zeit werden auch in Höchstspannungsanlagen Lasttrennschalter eingesetzt, wie sie in Mittespannungsschaltanlagen schon lange mit Erfolg angewendet werden.

Während der Leistungsschalter auch jede im Netz auftretende Kurzschlußleistung abschalten muß, was einen hohen Aufwand erfordert, wird der Lasttrennschalter für nur relativ geringe Ausschaltströme ausgelegt (Bild 15). Neben seiner Fähigkeit, begrenzte Leistungen, keinesfalls aber Kurzschlüsse abschalten zu können, erfüllt er auch Trennerfunktionen, d. h. er muß im offenen Zustand eine den Trennervorschriften genügende sichtbare Trennstrecke

Bild 15. 110 kV-Lasttrenner der Fa. Voigt & Haeffner[1])

aufweisen. In manchen Fällen wäre der Aufwand für einen Leistungsschalter zu groß, ohne daß andererseits ein einfacher Trenner ausreichen würde, wie das z. B. bei der Abschaltung leerlaufender Transformatoren kleinerer Leistung der Fall ist. Lasttrennschalter könen z. B. in Stichleitungsstationen eingesetzt werden. Hierbei handelt es

---

1) Im Augenblick der Kontakttrennung erfolgt durch den dritten Isolator eine Druckluftbeblasung.

sich um den Anschluß kleiner Leistungstransformatoren an eine in der Nähe vorüberführende Hochspannungs-Freileitung, in Fällen, in denen keine Vergrößerung der Transformatorleistung geplant ist. In Schaltanlagen mit ausgeprägten Sammelschienen und mehreren Abzweigen findet er keine Verwendung, weil seine Schaltleistung in solchen Fällen nicht ausreicht.

2.13 Trenner

Dem Trenner fällt die Aufgabe zu, Geräte oder Leitungsabschnitte durch eine sichtbare und vor allem überschlagssichere Trennstrecke von anderen Anlageteilen abzutrennen, ohne daß bei diesen Schaltvorgängen Ströme zu schalten sind, die über die kapazitiven Ladeströme kurzer Leitungs- oder Sammelschienenabschnitte oder die Betriebsströme von Spannungswandlern hinausgehen. Im ausgeschalteten Zustand des Trenners muß seine Trennstrecke so groß sein, daß auch im Falle der Phasenopposition kein Überschlag erfolgen kann. (Phasenopposition tritt auf, wenn an den beiden Trenneranschlüssen zwei nicht synchronisierte Drehstromsysteme angeschlossen sind.)

In erster Linie dient der Trenner dazu, bei Arbeiten an Hochspannungsgeräten eine ausreichend groß bemessene Luft-Trennstrecke zwischen Arbeitsstelle und unter Spannung verbleibenden Anlageteilen zu legen. Für die Bemessung der Trennstrecke ist der obere Stoßpegel gemäß VDE-Vorschrift 0111 maßgebend.

Die Bauform des Trenners und seine Anordnung im Gelände üben einen sehr wesentlichen Einfluß auf die Form und die Größe der Anlagengrundflächen aus. Als Beispiel für die Größenverhältnisse, die sich bei ausgedehnten Anlagen für den Platzbedarf der Leistungsschalter und der Sammelschienentrenner ergeben können, zeigt Bild 16 den schematischen Grundriß der 220-kV-Freiluftschaltanlage

Chamoson/Schweiz [10]. Im Laufe der Zeit sind viele Trenner-Bauformen enstanden, die alle das Ziel verfolgen, mit möglichst kleinen Abmessungen und geringem Geländebedarf auszukommen. Dabei lassen sich die Trenner in zwei Gruppen einteilen, von denen die erstere und ältere Gruppe alle die Trenner enthält, bei denen Kontaktmesser und Gegenkontakt über zwei oder drei Isolatoren „kraftschlüssig" auf einem gemeinsamen Rahmen aufgebaut sind, während die zweite Gruppe die Trenner mit geteilten Kontakten enthält, d. h. bei denen das Kontaktmesser nicht mit dem Gegenkontakt zusammen eine Baueinheit bildet. Der ersten Gruppe gehören praktisch alle Zwei- und Dreisäulen-Trenner an, und die zweite Gruppe umfaßt in der Hauptsache die Einsäulen-Trenner.

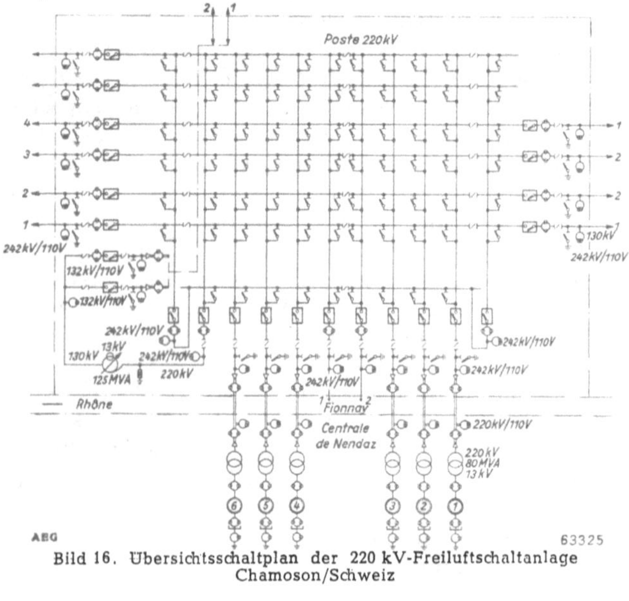

Bild 16. Übersichtsschaltplan der 220 kV-Freiluftschaltanlage Chamoson/Schweiz

2.131 Zwei- bzw. Dreisäulen-Trenner

Von den Mittelspannungsanlagen her ist der Klapp- oder Messertrenner bekannt, der im Ausland auch bis zu den höchsten Spannung gebaut wird (Teilbild 17 a). Er benötigt in der Grundfläche nur ein schmales Rechteck, hat dafür aber in Richtung nach oben eine große Ausladung, bedingt durch das lange Trennmesser. Bei sehr hohen Spannungen, z. B. 380 kV wird das Trennmesser so lang wie etwa eine Bahnschranke, so daß es nur als Fachwerkträger gebaut werden kann. Die Belastungsverhältnisse der Stützer der Drehpunktseite sind jedoch nicht sehr günstig. Gleichermaßen günstige Grundflächen-Abmessungen hat der Fahrtrenner nach Teilbild 17 b. Zwischen zwei fest-

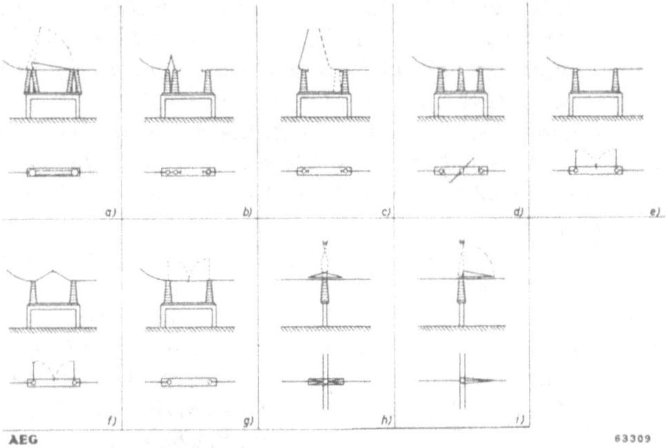

Bild 17. Verschiedene Bauformen von Trennern

a) Russischer Zweisäulenklapp- oder Messertrenner
b) Dreisäulen-Fahrtrenner
c) Zweisäulen-Fahrtrenner
d) Dreisäulen-Drehtrenner
e) Zweisäulen-Drehtrenner, Trennerarme horizontal angeordnet
f) Schwedischer Zweisäulen-Drehtrenner, Trennerarme schräg angeordnet
g) Zweisäulen-Drehtrenner, Trennerarme, senkrecht angeordnet
h) Einsäulentrenner, Trennerarme als Schere ausgebildet
i) Einsäulen-Messertrenner

stehenden Stützern ist ein den Messerkontakt tragender Fahrstützer angeordnet. Die Verbindung zum feststehenden Stützer mit dem rückwärtigen Leitungsanschluß erfolgt über eine Gelenkverbindung. Zum Einschalten wird der Fahrstützer auf den den Gegenkontakt tragenden dritten Stützer zu bewegt.

In einer etwas anderen Ausführung, Teilbild 17 c, entfallen der neben dem Fahrstützer dargestellte Stützisolator und die Gelenkverbindung. Dafür ist am Fahrstützer der Anschluß eines mit ihm bewegten Anschlußseiles erforderlich, das an einem oberhalb des Trenners angeordneten Hänge- oder Abspannisolator befestigt ist. Der Antrieb des Fahrstützers ist denkbar einfach, jedoch darf die Vereisungsgefahr der Stützerfahrbahn nicht übersehen werden. Die Vereisungsgefahr ist in Mitteleuropa größer als allgemein angenommen wird. Als sehr sicher gegen die Vereisung haben sich alle die Trenner erwiesen, die beim Schaltvorgang das Eis auf Abscherung beanspruchen. Zu diesen Trennern gehören alle Drehtrenner, von denen es Ausführungen mit zwei und drei Stützern gibt (Teilbilder: 17 d—17 g).

Durch entsprechende Ausbildung der Kontakte wird, noch bevor der Trenner seine Öffnungsbewegung ausführt, der Eisbelag auf Biegung beansprucht und dadurch mit geringem Kraftaufwand abgesprengt. Das gleiche gilt auch für die Drehstützer, deren Füße unter Umständen mit dem Rahmen zusammenfrieren können. Die Drehtrenner haben jedoch den Nachteil des großen Grundflächenbedarfs, weil ihre Messer seitlich ausschwenken. Beim Dreisäulentrenner nach Bild 17 d ist nur die mittlere Säule drehbar. Das Schaltmesser ragt im ausgeschalteten Zustand im Gegensatz zu den Trennern nach den Bildern 17 a bis 17 c nach beiden Seiten hin weit über die Längsachse hinaus und vergrößert demgemäß erheblich den Grundflächenbedarf.

Eine gewisse Ersparnis an Grundfläche gegenüber dem Dreisäulentrenner bringt der Zweisäulentrenner gemäß Teilbild 17 e. Bei ihm drehen sich beide Säulen nur nach einer Seite. Obwohl die Messer nach dieser Seite hin weiter über die Mittelachse hinausragen, als das beim Dreisäulentrenner der Fall war, ist die Grundfläche doch kleiner, denn der Trenner ist kürzer, und die Ausladung erfolgt nur nach einer Seite. Diese Trennerbauform ist in Deutschland sehr weit verbreitet und wird für verschiedene Spannungen als Gemeinschaftstrenner von allen Firmen mit genormten Abmessungen gebaut. Um die Grundfläche dieser Zweisäulentrenner noch weiter zu verkleinern, wurde die Ebene, die durch die beiden Trennmesserhälften gebildet wird, schräg nach oben gelegt. (Teilbild 17 f). Durch die Schräglage der Trennmesser, die dadurch bedingte geringere seitliche Ausladung und durch den senkrechten Niveauunterschied gegenüber dem Nachbarleiter kann der Phasenabstand zwischen zwei parallel nebeneinander stehenden Trennern, beispielsweise der Phase *R* und *S* eines Drehstromsystems verkleinert werden. In Nordeuropa ist dieser Trenner in 380-kV-Anlagen zu finden. Zum Abschluß der Reihe der Zweisäulen-Trenner sei noch der *H*-Trenner erwähnt, dessen Messerhälften sich senkrecht nach oben öffnen, wodurch keine seitliche Ausladung erforderlich wird (Teilbild 17 g). Für Höchstspannungs-Innenschaltanlagen bietet der *H*-Trenner bei kleiner Felderteilung vorteilhafte Anwendungsmöglichkeit.

2.132 *Einsäulentrenner*

Bei den höchsten Betriebsspannungen bedingen, wie bereits erläutert wurde, die Zwei- bzw. Dreisäulentrenner eine relativ große Anlagen-Grundfläche. Diese läßt sich durch den Übergang auf „Einsäulentrenner-Bauformen“ erheblich reduzieren. Grundlegend für diese Trenner ist die

Tatsache, daß die Trenner fast immer an den Stellen benötigt werden, an denen sich zwei Leitungen in verschiedenen Ebenen kreuzen, in der Grundrißprojektion also im Kreuzungspunkt. Die heute üblichen Einsäulentrenner kommen diesem Idealfall sehr nahe, wie es z. B. auf Bild 9 zu sehen ist.

Im Prinzip bestehen alle Einsäulentrenner aus einer Stützersäule, auf der das in verschiedenster Weise ausgebildete Trennmesser gelagert ist und an dem sich der eine Trenneranschluß befindet. In den meisten Fällen ist neben dem Stützisolator ein dünnerer Antriebsisolator angeordnet, der entweder als Dreh- oder Hebelantrieb für das Trennmesser ausgebildet ist. Dadurch bleibt das Antriebsorgan wie bei den Zwei- und Dreisäulentrennern auf Erdpotential. Der Gegenkontakt der Einsäulentrenner wird nur durch das in einer höheren Ebene gelegene Seilbündel (Zweierbündel) oder auch durch ein einzelnes Seil getragen. Je nach der Ausführung des Trennmessers unterscheidet man zwischen Einsäulentrennern, deren Trennmesser in Form einer „Nürnberger Schere" ausgebildet sind (Teilbild 17 h), Halbpantograph-Trenner [11], die nur aus einer einseitigen Scherenhälfte bestehen (Bild 18) und Messertrennern, deren Trennmesser beim Einschalten aus der waagerechten Lage in die senkrechte Lage geschwenkt werden (Teilbild 17 i). Dieser Einsäulen-Messertrenner stellt zwar im Grundriß der Anlage eine punktförmige Leitungsverbindung dar, verlangt aber wegen des Kreisbogens, den das Trennmesser bei einem Schaltvorgang beschreibt, einen großen gegenseitigen Phasenabstand der oben liegenden Leitungen, so daß seine spezielle Bauform nicht ganz zur Geltung kommt.

Anders liegen die Verhältnisse beim sogenannten Ellipsoidtrenner nach Bild 19, der ebenfalls zu den Einsäulen-Messertrennern gehört. Bei dieser Bauform beschreibt das

Trennmesser während der Schaltbewegung nicht nur eine 90°-Bewegung in Richtung von der Waagerechten in die Senkrechte, sondern eine Kegelmantelbahn. Im ausgeschalten Zustand liegt das Trennmesser parallel zum unteren Leiter und beim Einschalten läuft es in der letzten Bewegungsphase parallel zum oberen Leiter in den Gegenkontakt hinein. Dank dieser Art der Schaltbewegung für die ebenso wie beim Messertrenner nur ein einfacher Drehpunkt erforderlich ist, können die oben liegenden Phasenleiter wieder mit normalem Abstand angeordnet werden.

Alle diese Einsäulentrenner mit getrennten Gegenkontakten sind jedoch empfindlich in bezug auf Schwankungen der die Gegenkontakte tragenden Leiterseile, die infolge von Windeinfluß, Eisbelag und Temperaturänderungen auftreten können. In manchen Fällen müssen mechanische Hilfsmittel, z. B. Federelemente zum Spannen der die Gegenkontakte tragenden oberen Leiterseile angewendet werden, um in Fällen großer Spannweiten unerwünscht große Änderungen der Seildurchhänge zu kompensieren.

Bild 18. Französischer 420 kV-Halb-Pantograph-Trenner

2.133 *Seiltrenner*

Mit zunehmender Spannung und noch größer werdenden Trennstrecken als sie heute für 380 kV erforderlich sind, wachsen die mechanischen Probleme, die bei den bisher geschildertern Höchstspannungstrennern zu bewältigen sind [12].

Um diesen Schwierigkeiten aus dem Wege zu gehen, beschäftigt sich der Konstrukteur mit „Seiltrennern", die ebenfalls zur Gruppe der Einsäulentrenner gerechnet werden müssen und die in der Zukunft unter Umständen für extrem hohe Spannungen verwendet werden. Am oberen Leiterbündel wird in geeigneter Weise ein Schaltseil angebracht, das zum Zwecke der Einschaltung des Trenners auf das untere Seilbündel herabgelassen wird. Letzteres ist mit einer Fangvorrichtung und einem Gegenkontakt ausgerüstet. Der Antrieb kann entweder auf Erdpotential liegen oder einer wartungsarmen Ausführung am oberen Seilbündel angebracht werden. Durch verhältnismäßig einfache Maßnahmen kann ein solcher Seiltrenner vereisungssicher gemacht werden.

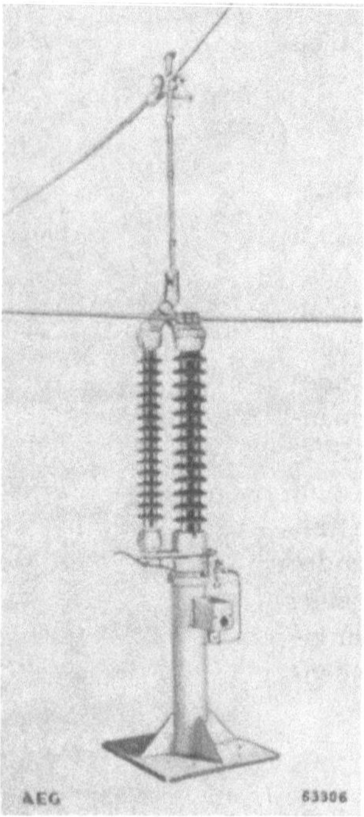

Bild 19. 110 kV-Elli idtrenner

Der Seiltrenner ist in seiner Kontaktgabe weitgehend unabhängig von Durchhangsänderungen der Seile infolge von Witterungseinflüssen und gestattet größere Toleranzen für Seilausschwingungen, als es bei Einsäulentrennern mit Hebelgliedern der Fall ist. Ein weiterer Vorteil des Seiltrenners würde darin bestehen, daß er durch verschiedenartige Bemessung der Schaltseillänge für verschiedene Höchstspannungswerte ausgelegt werden kann. Da der Trenner, bestehend aus einem Schaltseil und einem Gegenkontakt von den zwei miteinander zu verbindenden, in verschiedenen Ebenen sich kreuzenden Leiterseilen getragen wird, benötigt er keine besonderen Tragisolatoren, wodurch die Verwendung derselben Konstruktionselemente für verschiedene Betriebsspannungen erleichtert wird.

2.2 Meßwandler

Im Anlagenbau für Hochspannungen kann man aus isolationstechnischen Gründen keine direkt anzeigenden Meßinstrumente benutzen. Daher werden zur Spannungsmessung Spannungswandler eingebaut, die die Hochspannung auf eine gut beherrschbare Niederspannung herabsetzen. Für die Strommessung muß außer der Potentialtrennung auch der oft große Betriebsstrom in einen leicht meßbaren kleinen Meßstrom umgewandelt werden. Dafür werden Stromwandler benutzt.

2.21 Elektrischer Aufbau

Alle Stromwandler und ein großer Teil der Spannungswandler arbeiten nach dem Transformator-, d. h. nach den Induktionsprinzip. Auf einem Eisenkern sind zwei voneinander getrennte Wicklungen untergebracht, die durch den, beiden Wicklungen gemeinsamen, magnetischen Kreis miteinander gekoppelt sind. Ein Vorteil dieser Wandler besteht darin, daß auf verhältnismäßig einfache Weise eine große Meßleistung hoher Genauigkeit erzielt wird. Beim Stromwandler kann die Primärwicklung aus dem Leiter selbst bestehen, wie das bei den Durchführungswandlern der Fall ist.

Ein Teil der Spannungswandler arbeitet nach dem Spannungsteilerprinzip auf kapazitiver Grundlage (Bild 20). Aus einer großen Zahl kleiner Kondensatoren wird durch Reihenschaltung ein kapazitiver Spannungsteiler aufgebaut. In der Nähe des Sternpunktes wird eine der Gesamtspannung proportionale, niedrige Meßspannung abgenommen und einem Meßgerät zugeführt. Um dem kapazitiven Teiler eine ausreichende Meßleistung entnehmen zu können, muß der kapazitive Querstrom mit Hilfe einer Induktivität kompensiert werden. Dies erfolgt mit der induktiven Meßeinheit. In neuerer Zeit ist es versuchsweise gelungen, durch Anwendung elektronischer Verstärker mit vergleichsweise kleinen Kapazitäten auszukommen. Auf diese Weise gelingt es, die Meßkapazität in andere Geräte, beispielsweise in die Durchführungen von Stromwandlern, einzubauen, so daß der räumliche Aufwand für die Spannungsmessung stark eingeschränkt wird.

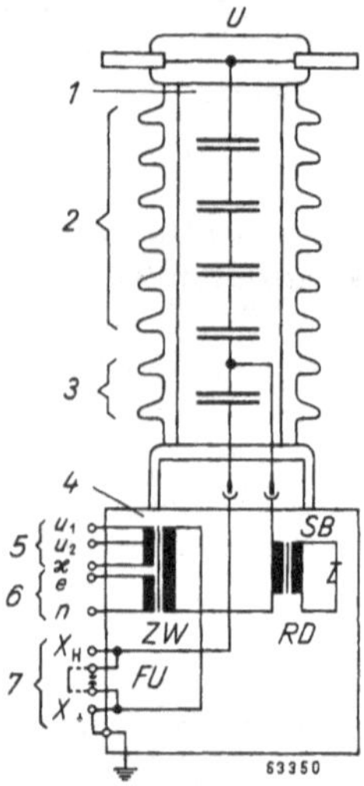

Bild 20. Schaltplan eines kapazitiven Spannungswandlers
ZW-Zwischenwandler
RD-Resonanzdrossel
SB-Spannungsbegrenzungseinrichtung
FU-Funkenstrecke

Wenn nicht extrem hohe Meßgenauigkeiten verlangt werden, kann für sehr hohe Betriebsspannungen (z. B. 400 kV) der kapazitive Spannungswandler mit Erfolg an die Stelle des induktiven Wandlers treten, weil sich mit zunehmender Spannung nur der kapazitive Spannungsteiler ändert, die Hilfseinrichtungen (Zwischenwandler usw.) bleiben unverändert. Für Verrechnungszwecke können sehr wahrscheinlich kapazitive Wandler auch in Zukunft nicht verwendet werden. Bei induktiven Wandlern ist die aus sehr dünnen und langen Drähten bestehende Primärwicklung schwierig herzustellen. Außerdem treten in verstärktem Maße Isolationsprobleme auf. Bei Windungs- oder Eisenschluß wird in der Regel der Wandler zerstört. Trotzdem konnten induktive Wandler zu außerordentlich betriebssicheren Geräten entwickelt werden. Beim Durchschlag eines Kondensatorelementes der kapazitiven Wandler tritt wegen der vielfachen Unterteilung der Kondensatorelemente keine Wandlerzerstörung ein, weil die übrigen Kondensatorenelemente nur unbedeutend höher belastet werden. Lediglich die Meßgenauigkeit wird beeinträchtigt. Ein weiterer Vorteil der kapazitiven Wandler liegt in der Möglichkeit, bei genügend großer Kapazität des Wandlers denselben zur Ankoppelung der *HF*-Telefonie mitzubenutzen. Das Verhalten der kapazitiven Wandler bei Stoßspannungsbeanspruchungen ist wegen der gleichmäßigen Spannungsverteilung auf alle Kondensatorelemente weniger gefährlich als bei induktiven Spannungswandlern, bei denen durch besonderen Wicklungsaufbau eine lineare Spannungsaufteilung erreicht wird.

Ein nicht ganz einfaches Problem stellen dagegen bei kapazitiven Wandlern die Unterschwingungen dar. Sie entstehen durch Stoßbeanspruchung (Schaltüberspannungen, Blitzeinschläge usw.) auf der Hochspannungsseite des Meßkreises oder durch das Abschalten eines sekundärseitigen Kurzschlusses. Die Frequenzen der Unterschwingungen liegen unter der Netzfrequenz, so daß große Amplituden entstehen, die den Meßkreis spannungsmäßig hoch belasten, was durch nicht lineare besondere Spannungsbegrenzungs-Einrichtungen vermieden werden kann. Unterschwingungen können von selbst wieder abklingen, aber ebensogut auch stationär werden. Sie können Fehlmessungen und Fehlauslösungen verursachen und zur Zerstörung des Wandlers führen, weil der Meßkondensator elektrisch und der im Meßkreis liegende Zwischenwandler thermisch überlastet wird. Beim kapazitiven Wandler besteht nicht nur das Problem der Unterschwingungen, sondern auch ein spezielles Problem der Überschwingungen, die auftreten, wenn die Spannung auf der Primärseite zusammenbricht. In solchen Fällen können höhere Frequenzen auftreten, die mehrere 50-Hz-Halbwellen zum Abklingen brauchen. Dadurch wird den angeschlossenen Relais bzw. Meßgeräten eine Spannung vorgetäuscht, die nicht vorhanden ist.

Grundsätzlich muß jede Wandlerwicklung sekundärseitig unmittelbar am Wandler geerdet sein, um in Schadensfällen den Übertritt der Hochspannung auf die Sekundärseite zu verhindern.

Stromwandler dürfen nie mit offenem Sekundärkreis betrieben werden. Das Fehlen der sekundärseitigen Wandlerbelastung, der Bürde, führt zu einer erheblichen Spannungssteigerung bis zu einigen kV im Sekundärkreis. Ferner kann schon ein kurzzeitiges Öffnen des Sekundärkreises die magnetischen Eigenschaften verändern und damit die Klassengenauigkeit des Stromwandlers beeinträchtigen, weil die Induktion sehr stark (bis zur Sättigung) ansteigt. Dieser große Anstieg der Induktion führt zur Erwärmung des Eisenkernes und der Wicklungen, so daß bei länger andauernder Öffnung des Sekundärkreises Zerstörungen des Wandlers möglich sind.

Wegen der soeben geschilderten Gefahren, die bei geöffnetem Sekundärkreis eines Stromwandlers für den Wandler selbst als auch bei den Arbeiten in Stromwandler-Meßkreisen besonders für den betreffenden Monteur auftreten können, ist stets darauf zu achten, daß jedes angeschlossene Gerät im Meßkreis vor seinem Ausbau durch eine Brücke kurzgeschlossen wird. Erst dann darf das Gerät abgetrennt werden.

2.211 Klassengenauigkeit für Strom- und Spannungswandler

Die Güte eines Wandlers wird durch seine Klassengenauigkeit gekennzeichnet. Besonders an Hochspannungswandler für Verrechnungszwecke werden sehr große Anforderungen hinsichtlich der Genauigkeit gestellt. Genormt sind die Klassen 0,1; 0,2; 0,5; 1 und 3.

Weil die Belastbarkeit der Wandler, die auch als Bürde bezeichnet wird, mit steigender Klassengenauigkeit abnimmt, wird ein solcher Meßkern nur für den Zähleranschluß und evtl. für registrierende Instrumente bemessen und benutzt. Die anderen anzeigenden Meßgeräte werden vielfach von einem zweiten Meßkern des gleichen Wandlers gespeist. Dieser zweite Kern hat dann nur die Genauigkeit z. B. der Klasse 3. Bei den Stromwandlern kommt zu den unterschiedlichen Klassengenauigkeiten noch die Überstromziffer hinzu, so daß ein Stromwandler sogar drei getrennte Kerne aufweisen kann, z. B. einen Kern für Verrechnungszähler Klasse 0,2, Überstromziffer $n < 5$, einen zweiten Kern für Meßgeräte Klasse 1, Überstromziffer $n = 5$ und einen dritten Kern für Schutzrelais Klasse 3, Überstromziffer $n \geqq 10$. Diese drei Kerne sind in einem gemeinsamen Gehäuse untergebracht.

Der Grund für die Forderungen nach hohen Genauigkeiten auf dem Höchstspannungsgebiet besteht in der außerordentlichen Größe der Übertragungsleistungen, daß auch kleine Meßfehler auf die Dauer wirtschaftlich erhebliche Folgen haben können.

2.212 *Überstromziffer des Stromwandlers*

Ein charakteristisches Merkmal für den Stromwandler ist seine Überstromziffer. Mit ihr wird das Verhalten des Stromwandlers bei Belastung durch Überströme gekennzeichnet. Im Normalbetrieb ist die Induktion im Eisenkern sehr weit von der Sättigung entfernt, so daß die Änderungen des Primärstromes $I\,1$ proportional auf den Sekundärstrom $I\,2$ übertragen werden. Mit zunehmenden Überströmen steigt die Induktion bis zur Sättigung des Eisenkernes, so daß sich das Verhältnis $I\,1 : I\,2$ verändert. Die Überstromziffer, die mit n bezeichnet wird, gibt dasjenige Vielfache des Nennstromes an, bei dem der Übersetzungsfehler bei Nennbürde infolge Sättigung des Eisenkernes – 10 % wird. Sie ist von der Belastung des Stromwandlers abhängig. Zwischen der Überstromziffer und der Belastung besteht angenähert die Beziehung, daß sie sich umgekehrt proportional zur Belastung verhält. Bei dreifacher Nennleistung z. B. geht die Überstromziffer auf etwa ein Drittel zurück.

Für Meßgeräte und Zähler, die teilweise gegen Überströme empfindlich sind, ist eine starke Dämpfung der Sekundärströme gegenüber den primären Kurzschlußströmen sehr erwünscht. In diesen Fällen wird eine Überstromziffer $n \leqq 5$ gefordert. Anders liegen die Verhältnisse bei Schutzrelais, die auch noch bei großen Überströmen nahezu proportionale Meßströme liefern sollen. Dies wird durch Wandler mit großen Überstromziffern, z. B. $n \geqq 10$ erreicht.

Durch verschiedenartige Legierungen des Eisenkernes kann die Überstromziffer beeinflußt werden. Eisenkerne aus Nickeleisenlegierungen bewirken kleine Überstromziffern, solche aus Siliziumeisen große Überstromziffern.

Aus diesem Streben nach unterschiedlichen Überstromziffern ergibt sich, daß in vielen Fällen die Wandler mit zwei oder mehr Kernen ausgerüstet werden bzw. daß zwei Wandler vorgesehen werden müssen, die eine Wandlerart zum Anschluß von Meßgeräten, die andere zum Anschluß von Schutzrelais.

2.22 Konstruktiver Aufbau

Neben den vielfältigen Unterschieden, die den Bau eines Wandlers in elektrischer Hinsicht beeinflussen, gibt es eine ganze Anzahl konstruktiver Unterschiede, die für den Einbauort von Bedeutung sind. In Innenanlagen mit ihren leicht beherrschbaren Klimabedingungen können Wandler mit Hartpapier- oder Gießharzisolatoren verwendet werden (Trockenspannwandler). In Freiluftanlagen werden dagegen fast ausschließlich ölisolierte Wandler mit Porzellandurchführung bzw. -überwürfen verwendet, weil hier die klimatischen Bedingungen ungünstiger sind.

Seit Jahrzehnten hat sich für Höchstspannungsanlagen der Topfwandler bewährt, der trotz dauernder Verminderung der Ölmenge noch verhältnismäßig viel Öl enthält, das über ein Ausdehnungsgefäß am Wandlerkopf mit der Außenluft in Verbindung steht (Bild 3).

Diese geringe Berührungsfläche mit der Außenluft bedingt, daß in regelmäßigen Zeitabständen die Ölfüllung kontrolliert und das Öl evtl. regeneriert werden muß. Um diese Ölwartung praktisch auszuschalten und gleichzeitig die Ölmengen zu reduzieren, werden heute fast allgemein ölarme Wandler hermetisch abgeschlossen gebaut. Zur Aufnahme der Volumenänderung des Öles infolge der veränderlichen Temperatur dient eine Metall-Membrane, die das Öl selbst hermetisch von der Außenluft abschließt. Volumenänderungen des Öls durch Temperaturschwankungen werden durch diese Membrane ausgeglichen. In einem solchen Gehäuse werden vielfach Strom- und Spannungswandler zusammengebaut, was sich natürlich vorteilhaft auf den Grundflächenbedarf der Anlage auswirkt. Derartig in einem Gehäuse zusammengebaute Wandler werden als Kombiwandler bezeichnet. Manche Betriebsingenieure sind gegen diese Vereinigung beider Wandler, weil durch eine Störung an einem Wandler der andere in Mitleidenschaft gezogen werden kann.

Der Wunsch, den Platzbedarf der Stromwandler zu verkleinern, hat zu den Durchführungswandlern geführt. In Innenanlagen werden häufig Durchführungswandler eingesetzt, wenn es sich um Freileitungsanschlüsse handelt, wobei sie die Freileitungsdurchführung ersetzen. Auch bei Kabelanschlüssen können sie eingebaut werden, wenn sich die Endverschlüsse für die Höchstspannungskabel in einem von der übrigen Schaltanlage getrennten Kellergeschoß befinden. Nachteilig ist bei einem Teil dieser Anordnungen, daß die Spannungswandler nicht mehr im Meßbereich der Stromwandler liegen. Ein Schaden im Spannungswandler führt dann unmittelbar zu einem Sammelschienenschaden, da der vorgeschaltete Leistungsschalter durch diese Störung nicht ausgelöst werden kann.

Ein anderer Nachteil besteht darin, daß in diesen Fällen die Wandler, von der Leitung aus betrachtet, vor den Abgangstrennern liegen, d. h. nicht durch Öffnen der letzteren gefahrlos zugänglich gemacht werden können.

An dieser Stelle sei auch auf die in neuerer Zeit in Einzelfällen angewendeten sogenannten zweiteiligen Kabelumbauwandler hingewiesen, bei denen Wandlerkerne auf den geerdeten Mantel des Kabels aufgesetzt werden. Nachteilig ist auch ihre Lage hinter dem Abzweigspannungswandler von der Sammelschiene aus betrachtet, wenn es sich um, von der Sammelschiene her gespeiste, Abzweigleitungen handelt. Im Falle eines Fehlers am Spannungswandler versagt dessen Abschaltung von der Sammelschiene.

Besonders im Zusammenhang mit den vielfältigen Schutzeinrichtungen für Großtransformatoren werden Stromwandler in die Transformatordurchführung als Durchführungswandler eingebaut und tragen damit erheblich zur Platzersparnis in der Anlage bei.

Stromwandler mit Ausnahme der Stabstromwandler können für mehrere Primär-Strombereiche ausgelegt werden. Durch Umschalteinrichtungen im Wandlerkopf läßt sich der Primärstrom z. B. im Verhältnis 1 : 2 oder 1 : 2 : 4 umschalten. Der Sekundärstrom und die Meßgenauigkeit werden durch diese Umschaltung nicht beeinträchtigt. Die Umschaltung kann natürlich nur im spannungslosen Zustand erfolgen. Stabstromwandler lassen sich nur sekundärseitig umschalten.

2.23 Entwicklungsaussichten auf dem Wandlergebiet

In neuerer Zeit sind durch das Vordringen der kontaktlosen elektrischen Meßeinrichtungen in den Bereich der Höchstspannungstechnik und durch die guten Erfahrungen, die mit den kapazitiven Spannungswandlern gesammelt wurden, Untersuchungen mit dem Ziel eingeleitet worden, den kapazitiven Spannungswandler als getrennt in der Anlage aufzustellendes Gerät verschwinden zu lassen. Dafür soll er, ähnlich wie das beim Durchführungsstromwandler der Fall ist, mit einem anderen Gerät vereinigt werden. In erster Linie wird daran gedacht, z. B. über die Kapazität einer Durchführung oder eines Durchführungsstromwandlers in Form eines kapazitiven Spannungswandlers eine der Primärspannung proportionale Teilspannung zu messen. Natürlich ist die Leistung einer solchen kapazitiven Meßstrecke sehr klein und es besteht die schwierige Aufgabe, diese geringe Meßleistung wirtschaftlich und zuverlässig so zu verstärken, daß eine in jeder Hinsicht der Primärspannung proportionale Meßspannung ausreichender

Leistung abgegeben wird, die auch den Anforderungen an Klassengenauigkeit bei allen betriebsmäßig vorkommenden Temperatur- und sonstigen Einflüssen entspricht.

2.3 Überspannungsableiter

Auf allen elektrischen Leitungen, gleichgültig, ob es sich um Hoch-, Niederspannungs- oder Fernmeldeleitungen handelt, können der Betriebsspannung überlagerte Spannungen, sogenannte Überspannungen, auftreten. Weil ihr Entstehen nicht verhindert werden und ihr Auftreten gefährliche Auswirkungen für Menschen und Geräte zur Folge haben kann, werden in zunehmendem Maße Überspannungsableiter zu ihrer Beseitigung eingesetzt [13].

2.31 Allgemeines über Überspannungen

Überspannungen sind entweder hochfrequente Schwingungen oder einmalig kurzzeitige Spannungsstöße, die, weil sie auf den Leitungen wandern, auch als Wanderwellen bezeichnet werden [14, 15]. Da sie die Isolation der Geräte durch die plötzliche Spannungssteigerung stoßweise beanspruchen, sind die Überspannnungen auch unter der Bezeichnung Stoßwellen bekannt. Sie entstehen durch atmosphärische Überspannungen, die sehr hohe Werte annehmen können. In diesem Zusammenhang sind direkte Blitzeinschläge in Leiterseile von Freileitungen oder Schaltanlagen besonders gefürchtet, ebenso können aber auch indirekte Blitzeinschläge, bei denen nur eine Spannung auf die Leitung induziert wird, gefährliche Überspannungen bewirken.

Die für eine Schaltanlage gefährlichsten Überspannungen treten bei Naheinschlägen auf.

Da diese atmosphärischen Überspannungen, die nicht durch den Betrieb der Hochspannungsanlagen verursacht werden, von außen in die Freileitungen und Schaltanlagen gelangen, werden sie als äußere Überspannungen bezeichnet. Im Gegensatz dazu handelt es sich bei den Überspannungen, die durch Schalthandlungen gewollter oder ungewollter Art entstehen, um „innere Überspannungen“ [16].

Zu den „ungewollten Schalthandlungen“ gehören in diesem Fall Erdschlüsse, Kurzschlüsse usw. Hohe innere Überspannungen entstehen z. B. dann, wenn beim Abschalten eines Trafos der Magnetisierungsstrom zu früh unterbrochen und die gespeicherte magnetische Energie sehr schnell in elektrische umgesetzt wird. Ebenso treten innere Überspannungen beim Abschalten leerlaufender Leitungen auf, wenn die kapazitive Ladung zu Rückzündungen führt. Die Höhe dieser Überspannungen wird auch durch die Art der Lichtbogenlöschung des die Abschaltung bewirkenden Leistungsschalters beeinflußt.

2.311 Isolationsabstufung

Die Beanspruchung der Isolation ist u. a. abhängig von der Steilheit der Wellenstirn und der Höhe einer Wanderwelle. Die Form und die Höhe einer Wanderwelle ändert sich im Verlauf ihres Weges. Durch den ohmschen Widerstand der Freileitung und die Korona wird die Spannungshöhe abgebaut und die Stirn verflacht.

Wanderwellen haben die unangenehme Eigenschaft, daß sie an Knotenpunkten reflektiert werden. Zu diesen Knotenpunkten gehören in erster Linie die Sammelschienen von Schaltanlagen. Besonders gefährdet sind in dieser Hinsicht alle Kopfstationen. Eine in eine solche Anlage einlaufende Wanderwelle wird, wenn keine Überspannungsableiter vorhanden sind, durch Reflektion auf nahezu den doppelten Wert erhöht und läuft auf der Leitung zurück.

Beim Auftreffen einer Wanderwelle auf einen Übergang Freileitung—Kabel tritt ebenfalls eine Reflektion auf.

Wegen des niedrigen Wellenwiderstandes werden Überspannungen beim Eintritt in Kabel stark reduziert, weil sie für die Überspannung fast wie ein Kurzschluß wirken. Die in die Freileitung reflektierte Welle hat ein negatives Vorzeichen, so daß die zurücklaufende Welle stark abgebaut wird. Dagegen wirken alle Induktivitäten im Zuge der Leitung (Transformatoren, Stromwandler) als Reflektionspunkte, sie sind daher gefährdet. Störungen der letztgenannten Geräte durch Beschädigung der Isolation führen in den meisten Fällen zu ihrem Ausfall und damit zu langen Betriebsunterbrechungen. Um die verschiedenen Anlageteile in gleichem Maße betriebstüchtig zu machen, wurden verschiedene „Isolationspegel" geschaffen. Nach dem *oberen Isolationspegel* sind die inneren Isolationen von Transformatoren, Wandlern usw. zu bemessen, um hier mit großer Sicherheit jede Durchschlagsgefahr und bei den Trennstrekken von Trennern jeden Überschlag zu vermeiden.

Alle Isolierstrecken von Stützern, Durchführungen usw. werden nach dem *unteren Isolationspegel* bemessen, dessen Stehstoßspannung[1]) 20 % unter der des oberen Isolationspegels liegt.

Um Überschläge an Geräten und Anlageteilen trotz des Auftretens von Überspannungen zu verhindern, wurde ein sogenannter Schutzpegel geschaffen, der wiederum unter dem unteren Isolationspegel liegt. Bei der dem Schutzpegel zugeordneten Spannung sollen die Überspannungsschutzgeräte ansprechen und einen weiteren Anstieg der Überspannung verhindern.

Freileitungen sind gegen Überspannungen wesentlich gefährdeter als Erdkabel, weil sich ihre Wellenwiderstände etwa wie 10 1 verhalten, so daß der in das Kabel eindringenden Überspannungswelle ein etwa zehnmal so klei-

---

1) Stehstoßspannung ist die höchste Stoßspannung, der die Isolation bei Durchführung von 10 Stößen gerade noch standhält.

ner Widerstand entgegengesetzt wird, als dies bei der Freileitung der Fall ist. Außerdem kommt natürlich hinzu, daß die Freileitungen atmosphärischen Einwirkungen stärkerem Maße ausgesetzt sind.

2.32 Aufgaben und Wirkungsweise von Überspannungsableitern

Zu den Überspannungsableitern gehören alle Einrichtungen, die durch Formgebung und konstruktiven Aufbau eine Ableitung auftretender Überspannungen nach Erde an dafür vorgesehenen Stellen ermöglichen, ohne daß an der Isolation der Anlage oder den Ableitereinrichtungen Schäden auftreten und ohne daß nach dem Ableiten der Überspannung durch den kurzzeitig nachfolgenden 50-Hz-Strom Schalthandlungen im Netz notwendig werden.

2.321 Stabschutzfunkenstrecken, Hörnerableiter

Da mit Rücksicht auf Verschmutzungsgefahren die Isolation von Freiluftgeräten im sauberen Zustand überdimensioniert ist, werden „Stabschutzfunkenstrecken“ verwendet, durch die die Überschlagsspannung unabhängig vom Verschmutzungsgrad der Isolatoroberfläche auf den gewünschten Wert abgesenkt wird. Bild 3 zeigt diese Verhältnisse am Beispiel eines Wandlers. Neben der Einhaltung eines bestimmten Isolationspegels dienen die Stabschutzfunkenstrecken gleichzeitig noch zur Lichtbogenführung bei netzfrequenten Überschlägen, um so den leistungsstarken Lichtbogen nach Möglichkeit vom Porzellan fernzuhalten.

Der Schutzwert solcher Stabschutzfunkenstrecken ist jedoch begrenzt. Die Ansprechgenauigkeit ist durch die lange, zwischen den Spitzen liegende und den Witterungsbedingungen unterworfene Luftstrecke sehr gering. Hinzu kommt die große Ansprechverzögerung, die sich aus der notwendigen Vorionisierung der Luftstrecke ergibt. Die

Stabschutzfunkenstrecke bietet besonders dann keinen ausreichenden Schutz, wenn es sich um Überspannungen mit sehr steiler Stirn handelt (Naheinschlag). Trotzdem ist sie sehr weit verbreitet, wenn man bedenkt, daß auch die meisten Lichtbogenschutzarmaturen von Freileitungs-Isolatoren mit einer Stabschutzfunkenstrecke ausgerüstet sind.

Ähnliches Verhalten wie die Stabschutzfunkenstrecken weisen die sogenannten Hörnerableiter auf. In Deutschland werden sie schon lange nicht mehr verwendet, da hier die Entwicklung in anderer Weise verlief als z. B. in Nordamerika, wo Hörnerableiter noch heute in großer Zahl angewendet und ständig verbessert werden. Trotz allem wird ihr Verhalten immer dem der Stabschutzfunkenstrecke ähnlich bleiben.

2.322 Rohrableiter, auch Hartgasableiter, Blas- oder Löschrohre genannt

Das Anwendungsgebiet der Hartgasableiter beschränkt sich in Deutschland in der Hauptsache auf Mittelspannungen, da ihre Leistungsfähigkeit begrenzt ist. Sie werden überwiegend zum Schutz kleinerer Kopfstationen benutzt oder auch in eine Freileitung eingebaut, wenn in einer Holzmastleitung ein Eisenmast steht, weil an diesen Eisenmasten die Isolatoren besonders gefährdet sind. Blasrohre sind in besonderem Maße und auch für hohe Spannungen in Rußland verbreitet.

Weil Hartgasableiter keine Dämpfungswiderstände enthalten, müssen sie die volle, an der Einbaustelle auftretende Kurzschlußleistung unterbrechen können. Der hieraus folgenden Anwendungsbeschränkung im Falle hoher Leistungen steht eine entsprechende Begrenzung im Falle kleiner Kurzschlußströme gegenüber, da der Ableiter-Lichtbogen eine gewisse Intensität haben muß, um die für die Löschung notwendige Gasmenge frei zu machen.

Der Hartgasableiter besteht im wesentlichen aus zwei in Reihe liegenden Funkenstrecken, von denen die eine in der freien Atmosphäre und die andere im Ableiterrohr selbst angeordnet ist (Bild 21). Auf diese Weise ist der Hartgasableiter normalerweise von Netz abgetrennt. Zwischen dem bandagierten Leiterseil (1) und dem oberen Anschluß des Hartgasableiters liegt eine Grobfunkenstrecke (2). Der Ableiteranschluß wird in dem Hartgasrohr (3) als Stiftelektrode (4) weitergeführt. Am unteren Ende des Ableiters befindet sich eine Ringelektrode (6), die die innere Funkenstrecke (5) abschließt und die mit der geerdeten Halterung (7) leitend verbunden ist. Die Ausblasöffnung am unteren Ende der Ringelektrode ist mit (8) bezeichnet. Trifft eine Überspannungswelle auf den Hartgasableiter auf, dann wird zunächst die Grobfunkenstrecke durchschlagen und anschließend erfolgt der Durchschlag der inneren Funkenstrecke. Der im Innern des Ableiters brennende Lichtbogen löst aus dem Hartgasrohr Löschgas, das einen Druckanstieg im Innern des Rohres bewirkt. Durch die Öffnung (8) der Ringelektrode entsteht eine Gasströmung ins Freie, die so kräftig wird, daß der im Hartgasrohr brennende Lichtbogen innerhalb weniger Halbperioden verlöscht.

Die Ansprechspannung der Hartgasableiter liegt im Vergleich zur Stabschutzfunkenstrecke niedriger, jedoch reicht, abgesehen von der begrenzten Leistungs-

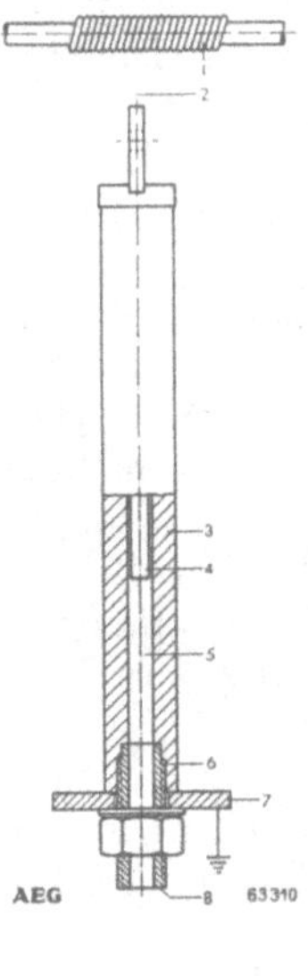

Bild 21. Schnitt durch einen Hartgasableiter

1 = bandagierte Hochspannungsleitung
2 = Außenfunkenstrecke
3 = Hartgasrohr
4 = Stiftelektrode
5 = Innenfunkenstrecke
6 = erdseitige Hohlelektrode
7 = geerdetes Flacheisen
8 = Auspuff

fähigkeit, auch das Ansprechverhalten nicht in allen Fällen aus, um Beschädigungen an Geräten zu vermeiden. Aus diesem Grunde werden für höhere Betriebsspannungen ausschließlich Ventilableiter benutzt. Dieser Schutz wird auch in Mittelspannungsanlagen gewählt, wenn es sich um den Schutz kostspieliger und wichtiger Anlageteile handelt.

2.323 *Ventilableiter*

Im Gegensatz zu den Stabschutzfunkenstrecken und den Hartgasableitern bestehen die Ventilableiter aus einer Vielzahl sehr kleiner Funkenstrecken, die zum Teil weniger als 1 mm Abstand haben.

Die elektrischen Werte können so gewählt werden, daß bei einer auf den Ableiter auflaufenden Stoßwelle infolge der verteilten Erdkapazität der großen Zahl von Löschfunkenstrecken der Mittelwert der Ansprechstoßspannung gegenüber dem der Ansprechwechselspannung zurückgeht und der Stoßfaktor kleiner als 1 werden kann. Die Ansprechspannung wird bei modernen Ventilableitern in sehr engen Grenzen nahezu unabhängig von der Höhe und Stirnsteilheit der Überspannung festgelegt, so daß in seinem Schutzbereich die Überspannungen sicher auf den Schutzpegel abgesenkt und damit Überbeanspruchungen der Geräteisolationen vermieden werden. Die Ventilableiter werden nach dem Baukastensystem aus untereinander gleichen Teilableitern aufgebaut. Für sehr hohe Spannungen werden die Ableiter teilweise stehend und hängend gebaut, um eine genügend hohe dynamische Standfestigkeit zu gewährleisten. Neuerdings werden Ventilableiter auch für 400 kV in freistehender Ausführung aus Teilableitern aufgebaut.

Bild 22 zeigt den inneren Aufbau eines Teilableiters für 40 kV, der aus zwei gleichen Teilen aufgebaut ist. Er besteht hauptsächlich aus den spannungsabhängigen Widerstandselementen (3), den Löschfunkenstrecken (6) und den zu diesen parallel liegenden Steuerringstapeln (5), die ebenfalls aus spannungsabhängigem Widerstandsmaterial bestehen, die zur gleichmäßigen Spannungsverteilung längs der Ableitersäule dienen.

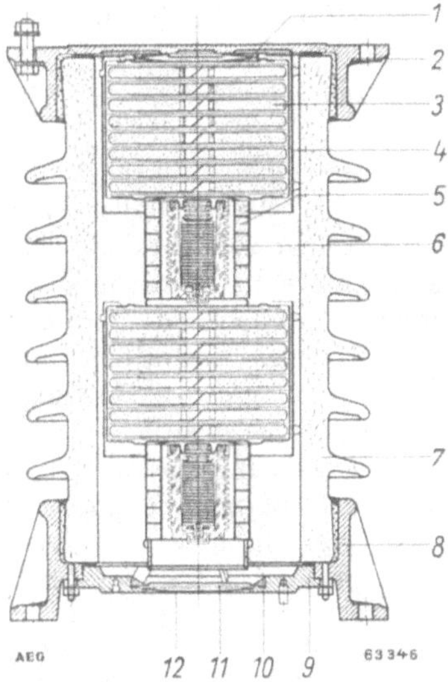

Bild 22. Schnitt durch einen AV-Teilableiter Nennspannung 40 kV

1 Tellerfeder
2 Flanschkappe
3 Widerstands-element
4 Hartpapierzylinder
5 Steuerringstapel
6 Löschfunkenstrecke
7 Isolator
8 Flanschsockel
9 Bodenplatte
10 Distanzrohr
11 Überdruck-membrane
Schutzkappe

Beim Auftreffen einer Überspannung auf einen aus solchen Teilableitern zusammengesetzten Überspannungsleiter zünden die einzelnen Teilstrecken der Löschfunkenstrecken unter dem Einfluß der Erdkapazität von oben nach unten, weil die der einlaufenden Welle nächstgelegenen Teilstrecken höher belastet werden. Der Durchschlag pflanzt sich schnell nach der Erde fort und ermöglicht, daß ein Stoßstrom durch den Ableiter fließt. Der hierbei auftretende Spannungsfall, genannt Restspannung, liegt bei den üblicherweise auftretenden Stoßströmen unter dem zuständigen Schutzpegel, Nach Abklingen der Wanderwelle steigt der Widerstand jedes einzelnen Widerstandselementes so stark an, daß die an den Löschfunkenstrecken anstehende betriebsfrequente Netzspannung nur noch einen relativ kleinen Folgestrom aufrechterhalten kann. Spätestens beim Nulldurchgang der Netzspannung wird der Folgestrom unterbrochen und der Ableitvorgang beendet sowie der Ventilableiter praktisch vom Netz getrennt, wenn man von der durch die Steuerringstapel hergestellten hochohmigen Verbindung absieht. Die Löschfunkenstrecke dient also im ungestörten Betrieb zur Trennung der spannungsabhängigen Widerstände vom Netz und zum Einleiten des Ableitstromes beim Erreichen der Ansprechspannung.

Auch durch wiederholte Ableitvorgänge erfährt der Ventilableiter keine Veränderung. In seltenen Fällen kann es jedoch bei einer Vielzahl unmittelbar aufeinanderfolgender schwerer Ableitvorgänge zu einer thermischen Überlastung der Widerstandselemente kommen. Für derartige Fälle ist im Boden jedes Teilableiters eine Überdruckmembran eingebaut, die dann aufreißt und den Porzellankörper vom Druck entlastet. Hierdurch werden Zerstörungen des Isoliergehäuses vermieden. Im Normalbetrieb findet der Ableitvorgang in einem hermetisch von der Außenluft abgeschlossenen Gehäuse statt, worauf zum Teil seine Fähigkeit beruht, bei genau festgelegten Überspannungen anzusprechen.

2.33 Schutzbereich der Ableiter innerhalb der zu schützenden Schaltanlagen

Der zuverlässige Schutz gefährdeter Anlagenteile hängt wesentlich vom Standort der Ventilableiter ab. Da an ihm selbst die Überspannung bis auf den Schutzpegel abgesenkt wird, entsteht mit zunehmender Entfernung vom Ableiter auf der Leitung ein Spannungsgefälle, das die Form eines mehr oder weniger steilen Trichters hat. So ist zu erklären, daß es vorkommen kann, daß in einer bestimmten Entfernung vom Ventilableiter die Überspannung trotz des ordnungsgemäßen Ansprechens des Ableiters eine gefährliche Höhe behält. Aus diesem Grunde sind die Ableiter immer so dicht möglich an das zu schützende Gerät, z. B. einen Transformator, heranzusetzen. Der Schutzbereich, der durch einen Ventilableiter erzielt wird, richtet sich nach der Höhe der Überspannung, die die Steilheit des Spannungstrichters bestimmt. In Höchstspannungsanlagen beträgt der Schutzbereich in ungünstigen Fällen 40 bis 20 m. Hieraus erkennt man, daß es nicht etwa möglich ist, mit nur einem Satz Ventilableitern eine umfangreiche Anlage zu schützen, ebenso kann es nicht ausreichend sein, Ventilableiter nur am Übergang der Freileitung in die Schaltanlage einzubauen, weil dann der Schutzbereich nicht weit genug reicht.

2.34 Maßnahmen gegen das Auftreten hoher Überspannungen

Im Zusammenhang mit den behandelten Ableitern sei abschließend noch kurz auf die Maßnahmen hingewiesen, die das Auftreten besonders hoher äußerer Überspannungen auf den Leitungen verhindern sollen. Die Entstehung äußerer Überspannungen läßt sich nicht vermeiden, wohl aber lassen sich die Überspannungen in ihrer Höhe und in ihrer Steilheit vermindern, wenn direkte Blitzeinschläge in die Leiterseile der Freileitungen und der Schaltanlagen vermieden werden. Dies wird durch entsprechend der Mastbauform angeordnete Blitz- und Erdseile in den meisten Fällen erreicht. Genügend kleine Erdübergangswiderstände sind eine wichtige Voraussetzung, besonders in der Nähe der Stationen. Überspannungen, die einen längeren Weg auf der Freileitung zurücklegen müssen, ehe sie in Schaltanlagen einlaufen, haben meist eine verhältnismäßig flache Stirn und sind auch in der Spannungshöhe durch die dämpfende Wirkung der Freileitung erheblich reduziert

Anders sieht es bei Naheinschlägen in die Leitung aus, etwa bis zu Entfernungen von 2 km von der Schaltanlage. In solchen Fällen würde durch den Einschlag in ein Leiterseil praktisch eine ungedämpfte Welle in die Schaltanlage einlaufen. Um derartige Einschläge grundsätzlich zu vermeiden, sollte die Leitung, mindestens in der Nähe der Schaltanlage mit einem sehr gut geerdeten Erdseil ausgerüstet werden.

Bei nicht genügend guter Erdung der Maste kann es zu den sogenannten rückwärtigen Überschlägen kommen. Hierunter versteht man einen Überschlag über die Isolatorenketten der Freileitung von der Masttraverse zum Leiterseil hin. Die hohe Spannung an der Traversenseite der Isolatorenkette entsteht in diesem Fall durch den über den Mast oder die beteiligten Maste nach Erde fließenden Blitzstrom, wenn, wie erwähnt, der Erdungswiderstand unzulässig hoch ist.

Bei ungünstigen Masterdungsverhältnissen kann es zur Verringerung des Erdungswiderstandes zweckmäßig sein, die letzten Maste vor der Station durch ein im Erdboden verlegtes Bodenseil mit der Schaltanlagenerde zu verbinden.

In diesem Zusammenhang muß bedacht werden, daß sich die geschilderten Vorgänge in solchen Entfernungen von den Leistungsschaltern der Schaltanlage abspielen, daß Probleme der Ausschaltung von „Abstandskurzschlüssen“ auftreten. Diese Kurzschlußart stellt bekanntlich schwierige Aufgaben an die Leistungsschalter. Aus diesem Grunde sollte man die Frage gut überlegen, ob man in der Nähe von Schaltanlagen Stabschutzfunkenstrecken, Hörnerableiter oder Rohrableiter in die Leitung einbaut, da sie innerhalb des kritischen Abstandes die Gefahr von Abstandskurzschlüssen erhöhen.

3 Isolatoren und Leitungen

3.1 Stützisolatoren, Isolatorenketten

Die Verbindungsleitungen zwischen den Geräten, wie Leistungsschalter, Trenner usw. einer Hochspannungsanlage erfordern in Abständen, die von der Kurzschlußbeanspruchung abhängen, Halterungen unter Verwendung von Stützisolatoren oder Isolatorenketten. Bei der Innenanlage überwiegen Stützisolatoren, während man bei einer Freiluftschaltanlage in den meisten Fällen mit den weniger kostspieligen Isolatorenketten auskommt, die an Portalen der Eisenkonstruktion aufgehängt werden. Die Stützisolatoren (Bild 2) unterscheiden sich bzgl. der Zahl und Größe ihrer Isolierschirme, je nachdem, ob sie für Innen- oder Freiluftanordnung verwendet werden. Eine besonders große Schirmzahl weisen die Nebel-Isolatoren auf. Durch diese Schirme wird der Kriechweg zwischen der „Erde" und dem Kopf des Stützisolators der Isolatorenkette, bzw. der von diesem getragenen Leitung, möglichst groß gestaltet. Die erforderliche Kreichweglänge nimmt bei Gefährdung durch Schmutz und Nebel zu. Man unterscheidet verschiedene Verschmutzungsgrade. Die erforderliche Kriechweglänge schwankt zwischen 1,7 und 3,8 cm/kV Phasenspannung.

Im Zusammenhang mit dieser Verschmutzung spricht man von einem Fremdschichteinfluß, um dessen Beurteilung und Verminderung man sich z. Zt. in der ganzen Welt bemüht. Eine Gegenmaßnahme besteht beispielsweise im Einfetten der Oberfläche der Isolatoren mit Siliconfetten. In Freiluftanlagen hat sich das Abspritzen verschmutzter Isolatoren während des Betriebes unter Spannung in vielen Fällen bewährt. Hierbei wird entsalztes Wasser verwendet. Das Einfetten soll die Kriechstromfestigkeit erhöhen, das Abspritzen soll die Selbstreinigung der Isolatoren unterstützen oder ersetzen. Unter der Selbstreinigung der Isolatoren ist das Abspülen der Fremdschichten durch Regen zu verstehen. Man geht dabei von der Feststellung aus, daß sich der Schmutz hauptsächlich auf der glatten Oberseite der Isolierschirme absetzt, während die gewellte Unterseite jedes Schirmes verhältnismäßig sauber bleibt. Bei Regenfällen soll die Fremdschicht abtropfen, wobei die sauberen und trockenen Unterseiten der Schirme eine genügend große Kriechstrecke bilden sollen. Dies trifft jedoch nicht immer zu, so daß oftmals Teilüberschläge beobachtet werden können.

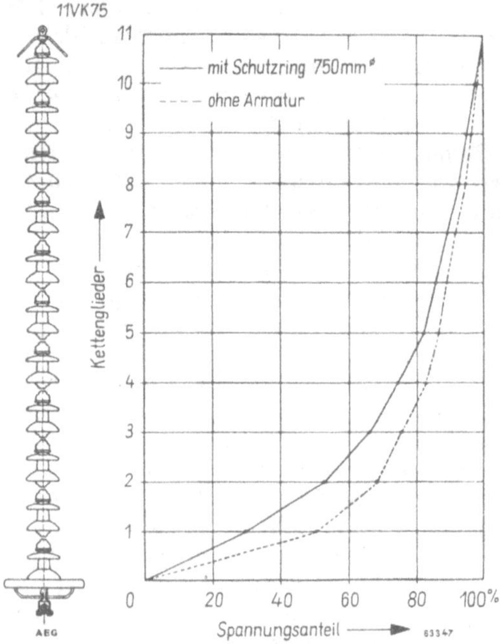

Bild 23. Darstellung der Spannungsverteilung an einer 380 kV-Kette mit 11 Vollkern-Isolatoren VK 75

In den letzten Jahren sind sogenannte Spiralrillen-Isolatoren entwickelt worden, bei denen die Selbstreinigung nicht durch das von Schirm zu Schirm heruntertropfende Regenwasser erfolgt. Diese Isolatoren haben *einen* Schirm, der spiralenförmig um den Isolatorstrunk von einem zum anderen Ende herumläuft. Trifft auf diesen senkrecht stehenden Isolator Regen, dann läuft das Wasser in spiralförmiger Bahn auf der Oberseite des Isolators herunter und wäscht die Fremdschicht ab.

Die saubere Unterseite des Spiralschirmes bildet dabei in gleicher Weise einen zusammenhängenden Kriechweg. Diese Isolatoren sollen ein günstigeres Verhalten im beregneten Zustand aufweisen. Allerdings kann auch bei dieser Schirmanordnung die Fremdschicht nur bei leicht wasserlöslichen Stoffen durch den Regen beseitigt werden.

Die Isolatorenketten (Bild 23) [17] setzen sich entweder aus Kappenisolatoren, Vollkernisolatoren oder Vollkern-Langstab-Isolatoren zusammen (Bild 24) [18]. Bei sämt-

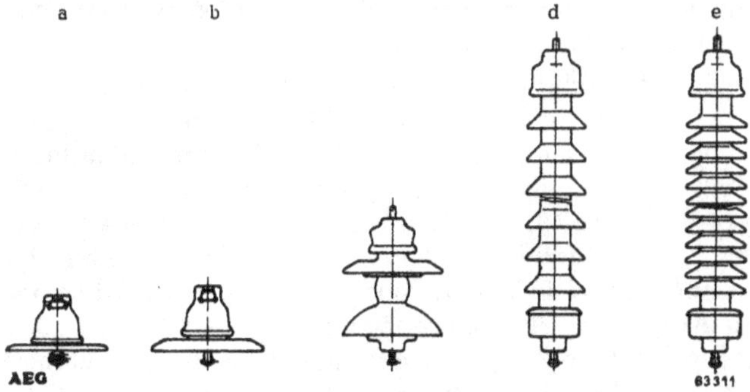

Bild 24. Verschiedene Isolatorarten

a Kappenisolator An 1
b Kappenisolator K 3
c Vollkern-Isolator VK 75
d Langstab-Isolator VKL 75/14
e Langstab-Nebelisolator NVKL 75/27

lichen Isolatoren ist jedes Kettenglied mit einer Metallkappe versehen. Die Spannungsverteilung längs der Isolatorenkette ist, wenn keine besonderen Maßnahmen getroffen werden, mehr oder weniger ungleichmäßig. Die dem Leiter am nächsten liegenden Kettenglieder übernehmen Spannungsanteile von etwa 50 %, die darauf folgenden nur noch Spannungsanteile von 20 % und 9 % (Gestrichelte Kurve im Bild 23). Diese ungleichmäßige Spannungsverteilung wird verbessert durch Verminderung der Feldlinienkonzentration an der Seilklemme mit Hilfe eines Schirmringes, oder in neuerer Zeit durch Verlegen der Halterungsstelle in das Leiterbündel hinein. Eine mögliche Verbesserung der Spannungsverteilung geht aus der in Bild 23 stark ausgezogenen Kurve hervor. Diese Verbesserung ist um so größer, je größer der Durchmesser des Schirmringes bemessen wird. Andererseits haben diese Schirmringe mit sehr großen Abmessungen große Phasenleiterabstände bzw. Felderteilung einer Freiluftschaltanlage zur Folge, da bestimmte Abstände zwischen, auf verschiedenen Spannungspotentialen liegenden Schirmringen, eingehalten werden müssen.

Die erforderliche Länge einer Isolatorenkette mit Rücksicht auf die vorgeschriebenen Prüfspannungen entspricht weitgehend dem Abstand der Elektrodenanordnung „Spitze-Spitze mit Erdnähe", wie das aus dem Bild 25 hervorgeht [19]. Dieses Bild läßt erkennen, daß die Kurven der Überschlagswechselspannung von Isolatorenketten, bestehend aus *K* 3-Gliedern oder Langstäben praktisch mit der Kurve der Überschlagsspannung der erwähnten Elektrodenanordnung „Spitze-Spitze mit Erdnähe" zusammenfällt. Bei sehr hohen Betriebsspannungen über etwa 400 kV ergeben sich allerdings erhebliche Abweichungen. Die Länge einer Isolatorenkette nimmt in diesem Bereich mehr als proportional mit der Betriebsspannung zu.

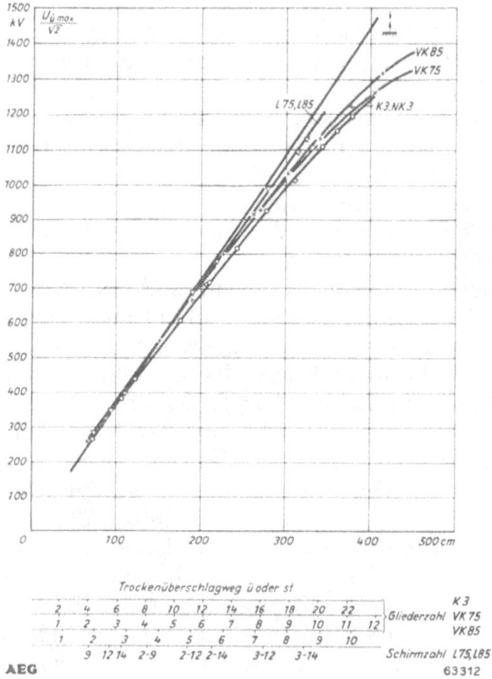

Bild 25. Trocken-Überschlagwechselspannung von Isolatorenketten

Auch Stützisolatoren werden teilweise bei Betriebsspannungen ab 220 kV mit Schirmringen an der Befestigungsstelle des Stromleiters versehen, um die Feldlinienkonzentration an dieser Stelle gering zu halten. Für die Bemessung dieser Schirmringarmaturen ist in neuerer Zeit auch wichtig, daß ein bestimmter „Störpegel" der Gesamtanlage nicht überschritten wird. Hierbei handelt es sich um die Störung von Rundfunk-Einrichtungen, die durch das Glimmen und Sprühen von Freileitungen, Freiluft- und Innen-schaltanlagen verursacht werden. Während früher Oberflächenfeldstärken an Geräten und Leitungen von etwa 22 kV/cm für zulässig gehalten wurden, geht man heute auf Oberflächenfeldstärken, bzw. Korona-Einsatzfeldstärken bzw. Randfeldstärken von etwa 18 kV/cm herunter. Da Spitzen und Kanten hohe Feldstärken zur Folge haben, werden sie möglichst vermieden, oder durch sogenannte vorgeschobene Ringelektroden mit geringer Randfeldstärke ausgerüstet.

Zu diesen Maßnahmen gehört auch die Verwendung von Bündelleitern anstelle von Einfachleitern. Hier handelt es sich darum, eine Verbindungsleitung oder eine Sammelschiene, für die unter Umständen ein einziger Rundleiter oder ein einziges Leiterseil bzgl. der Strombelastung ausreichen würde, mit Rücksicht auf die Verminderung der Randfeldstärke aus zwei, drei oder vier Teilleitern, in Form eines „Mehrleiterbündels“ zusammenzusetzen. Die Randfeldstärke ist um so geringer, je größer die durch das Bündel eingenommene Querschnittsfläche ist. Andererseits hat sich ergeben, daß ein Teilleiterabstand von etwa 40 cm besonders günstige Verhältnisse ergibt. Im Falle der Verwendung von Bündelleitern können an der Befestigungsstelle der Isolatorenkette die Bündel selbst als vorgeschobene Elektroden mit geringer Feldstärke herangezogen werden, so daß, wie erwähnt, u. U. Schirmringe fortfallen.

Die erwähnten Schirmringe der Stütz- und Hängeisolatoren haben weiterhin die Aufgabe, dafür zu sorgen, daß in Störungsfällen auftretende Überschlagslichtbögen nicht längs der Porzellanoberfläche des Isolators brennen, sondern vom Porzellan ferngehalten werden. Je weiter die Schutzarmaturen ausladen, um so geringer ist die Gefahr der Zerstörung des Porzellans.

In neuerer Zeit werden, wenigstens in Deutschland, die Kappen- und Vollkern-Isolatoren durch Langstab-Isolatoren mehr und mehr verdrängt, jedoch werden neuerdings auch Glas-Kappen-Isolatoren praktisch erprobt.

Bei Freiluftschaltanlagen und Freileitungen muß berücksichtigt werden, daß die Seile dazu neigen, bei Sturm und Eisabwurf Schwingungen auszuführen. Bei der Festlegung des Phasenmittenabstandes bzw. des Abstandes zwischen Stromleitern und Gerüstkonstruktionen ist mit einem Ausschwingwinkel der einfachen Hängeketten von etwa 30° bis 45° zu rechnen, wenn nicht Doppel- oder V-Ketten eingesetzt werden, die den Ausschwingwinkel erheblich reduzieren.

Isolatorenketten werden zum Teil als Abspannketten, zum Teil als einfache Hängeketten benutzt (Bild 26). Im letzteren Falle (Teilbild b) sind sie lotrecht aufgehängt, im anderen Falle (Teilbild a) liegen sie mehr oder weniger waagerecht. In ihrer Eigenschaft als Traghängekette dient die Isolatorenkette lediglich dazu, einen Stromleiter aufzuhängen, nicht aber ihn abzuspannen. Bei der Abspannkette kommt die zusätzliche Aufgabe hinzu, die beim Spannen der Seile auftretenden Zugkräfte aufzunehmen.

Um die Schwingungen von Hänge- und Abspannketten zu vermindern, können zwei Ketten nach Art eines V aufgehängt werden. Diese Anordnung ist zwar kostspieliger, aber in manchen Fällen mit Rücksicht auf die Mastkonstruktion erforderlich.

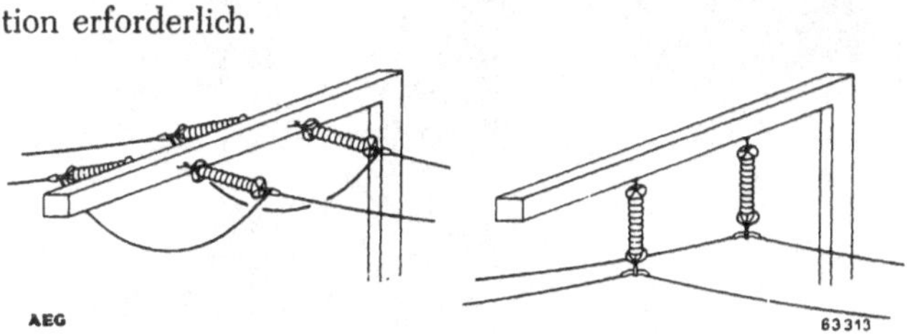

Bild 26. Anordnung von Isolatoren in der Schaltanlage
a Abspannisolator b Hängeisolator

3.2 Leiterarten

Im Freiluftschaltanlagenbau für hohe Betriebsspannungen werden in Deutschland meistens Seilverbindungen verwendet. Die Schaltanlagen-Sammelschienen bestehen aus an Portalen abgespannten Leiterseilen bis zu größeren Querschnitten, als dies im Freileitungsbau im allgemeinen der Fall ist. Die größten Querschnitte für Sammelschienen gehen bis zu 2000 mm², z. B. 3 × 675 mm².

In Einzelfällen wurden in Schaltanlagen auch zwei und drei Seile im Abstand von nur wenigen Zentimetern nebeneinander verlegt, um besonders große Ströme leiten zu können.

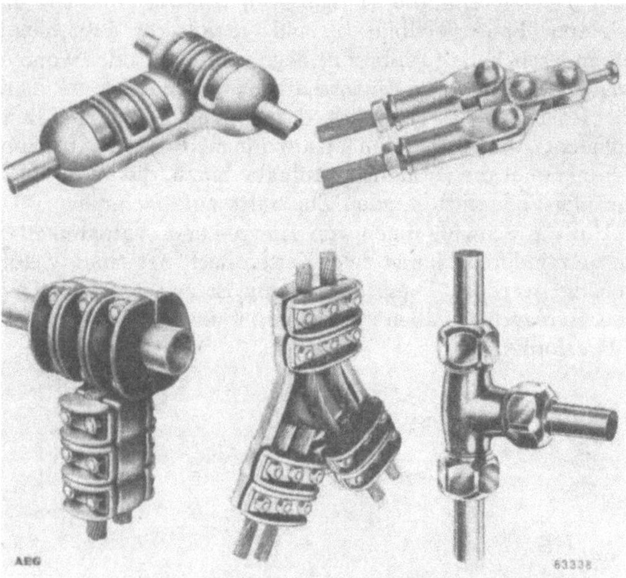

Bild 27. Klemmen für Höchstspannungsanlagen der Fa. Pfisterer

Auf der Freileitung betragen die Teilleiterabstände im allgemeinen 400 mm. Dieser Teilleiterabstand ist in Schaltanlagen jedoch oft unzweckmäßig. Entweder werden die Teilleiter in Abständen von 500 oder 600 mm verlegt, weil es die Schaltgeräte so erfordern, oder es sind, ohne Rücksicht auf die Schaltgeräte, Teilleiterabstände von weniger als 200 mm zweckmäßiger.

Für Seilsammelschienen und Seilverbindungen werden Seilklemmen verwendet, die den besonderen Erfordernissen im Schaltanlagenbau angepaßt sind. Das Bild 27 zeigt eine Zusammenstellung von Seilklemmen, wie sie im Freiluftschaltanlagenbau verwendet werden [20]. Seit einigen Jahrzehnten überwiegt die Alu-Leitung gegenüber der Cu-Leitung. Vielfach werden auch Rohrleiter verwendet, während Flachschienen in Höchstspannungsschaltanlagen nicht benutzt werden.

3.21 Einfluß der Kurzschlußkräfte auf die Leiter

Wenn über Leiter Kurzschlußströme fließen, treten neben den thermischen Wirkungen auch erhebliche dynamische Kraftwirkungen auf. Die thermischen Beanspruchungen können durch entsprechend große Leiterquerschnitte und geeignete Klemmen gut beherrscht werden. Schwieriger dagegen sind in neuerer Zeit infolge der stark zunehmenden Kurzschlußleistungen die dynamischen Auswirkungen der Kurzschlußströme zu bestimmen und zu beherrschen [21]. Im Kurzschlußfall treten große Kräfte auf, die zwei parallel verlegte Leiter im Sinne der Vergrößerung der Stromschleife des Kurzschlußstromes auseinander zu bewegen streben, wenn in den beiden Leitern Ströme entgegengesetzter Richtung fließen. Falls gleichsinnige Ströme im Kurzschlußfall auftreten, werden auf die beiden Leiter starke anziehende Kräfte ausgeübt, wobei diese Kräfte infolge der Verkürzung des Abstandes auch noch zunehmen. Da Leiterseile keine nennenswerte Querstabilität besitzen, werden durch das Auslenken die Querkräfte in Längskräfte, d. h. Kräfte in Richtung der Seillängsachse umgewandelt, so daß die Seile an Stützisolatoren, Abspannketten und an Geräteanschlüssen reißen und diese unter ungünstigen Umständen über die zulässige Grenze der Umbruchsfestigkeit beanspruchen. Außerdem kann der Fall eintreten, daß infolge starken Pendelns der Leiterseile unzulässige Annäherungen erfolgen, die zu Überschlägen und Kurzschlüssen führen. Diese Schwierigkeiten machen dem Konstrukteur in zunehmendem Maße Sorgen. Mit Rücksicht auf diese Erscheinungen dürfen im Falle sehr hoher Kurzschlußleistungen die Seilspannweiten nicht beliebig groß gewählt werden. Dies gilt besonders, wenn die Seile an einem Ende oder an beiden Seilenden an Geräten z. B. Leistungsschaltern und Sammelschienentrennern angeschlossen sind.

Günstiger liegen die Verhältnisse bei Rohrleitern, wenn diese wirklich als starre Gebilde angesprochen werden können, d. h. wenn die Stützerabstände gering sind und die Rohre praktisch keinen Durchhang aufweisen. In diesem Fall werden die Stützer nur durch die Querkräfte beansprucht, ohne daß noch Zugkräfte in Richtung der Rohrlängsachse hinzukommen.

3.22 Seilleiter

Seile als Leitermaterial sind im Freiluftschaltanlagenbau wegen ihrer einfachen Montage und großen Anpassungsfähigkeit an örtliche Verhältnisse weit verbreitet. Bauungenauigkeiten bzw. Lageänderungen von Geräten durch Bergschäden spielen in den meisten Fällen keine nachteilige Rolle. Ebenso lassen sich bei ihrer Verwendung Schaltungsänderungen und provisorische Verbindungen einfach herstellen. Da die Seile im Freileitungsbau in großer

Menge gebraucht werden und verhältnismäßig preiswert sind, führen sie zu wirtschaftlichen Lösungen.

Durch die Anwendung der Hallenbauweisen finden die Seile in steigendem Maße Verwendung auch für die Sammelschienen von Innenanlagen, weil auf diese Weise teure Stützisolatoren eingespart werden können. Allerdings muß hier nochmals auf das Verhalten der Seile bei Kurzschlüssen hingewiesen werden, dem als Folge der stark angestiegenen Kurzschlußleistungen erhöhte Bedeutung zukommt.

3.23 Rohrleiter

Unter den im Abschnitt 3.21 für Rohrleiter angegebenen Voraussetzungen verhalten sie sich im Kurzschlußfall besser als Seilleiter. Da sie durch Windeinwirkung nicht aus ihrer Lage gebracht werden, können die Phasenabstände in manchen Fällen kleiner gehalten werden. Durch geschickte Geräteanordnung lassen sich, abgesehen von den Freileitungsportalen nahezu alle Abspannportale innerhalb der Freiluft-Schaltanlage einsparen (portallose Reihenbauform). Allerdings erfordert diese Bauform viele Stützisolatoren.

Die Montage der Rohrleiter ist nicht so einfach wie die der Seilleiter, weil die Rohre oft mehrfach gebogen werden müssen. Das Bestreben, auch bei Rohrleitern Stützisolatoren einzusparen, führt oftmals zu komplizierten Rohrleiterformen und metallischen Stützen, die gegebenenfalls auf Trennern montiert werden.

Bei Innenanlagen wurden früher fast ausschließlich Rohrleiter verwendet.

In praktisch allen Fällen ist es erforderlich, aus Festigkeitsgründen kalt oder warm veredelte legierte Aluminiumrohre zu verwenden. Im Gegensatz zu einer Streckgrenze von 8 kp/mm^2 bei Verwendung von Rohr aus E-Al-F10 weisen Rohre aus der warm ausgehärteten Legierung (Al-

Mg-Si0,5F22) eine Streckgrenze von mindestens 16 kp/mm² auf.

Im allgemeinen kommen Rohre mit Außendurchmessern von 30, 50, 60 und 100 mm zum Einbau. Auch durch den Übergang auf Kupferrohre können Erfolge erzielt werden.

Die Verbindungen zwischen den einzelnen Rohrleitern werden mit konzentrischen Klemmen oder Deckelklemmen hergestellt. Mit zunehmendem Außendurchmesser werden diese Klemmen aber immer schwieriger in der Anwendung. In diesen Fällen besteht eine besonders einfache Lösung darin, an den Rohren Anschlußlaschen anzuschweißen, an denen die Abzweigseile oder -rohre unter Verwendung einfacher Flachanschlußklemmen befestigt werden können. Dabei ist allerdings insbesondere bei sehr hohen Betriebsspannungen darauf zu achten, daß vermieden werden muß, daß als Folge der entstehenden Spitzen und Kanten unzulässig hohe Randfeldstärken entstehen, die zum Glimmen und Sprüngen neigen.

3.24 Bündelleiter

Bei Betriebsspannungen über 110 kV, beispielsweise 220 kV, werden auch im Schaltanlagenbau Bündelleiteranordnungen verwendet. Hierunter versteht man die Zusammenfassung von zwei, drei oder auch vier Leiterseilen gleichen Querschnittes. In bestimmten Längenabständen werden die Seile durch Abstandshalter gehalten, die zusammen mit anderen Maßnahmen ein Verdrehen des Bündels und auch das Zusammenschlagen der Teilleiter als Folge eines Kurzschlusses verhindern. Der Abstand zwischen den Teilleitern eines Bündels beträgt im Freileitungsbau mindestens 40 cm, um auch bei stärkster Vereisung ein Zusammenwachsen des Eisbelages der Teilleiter zu verhindern. In Schaltanlagen, in denen in den meisten Fällen Zweierbündel benutzt werden, kommen auch andere Teilleiterabstände vor (siehe Abschnitt 3.2). Durch die Verwendung von Bündelleitern wird eine Verminderung der Oberflächenfeldstärke der Leiter um 10—20 % gegenüber dem Einleiter erzielt.

In den Schaltanlagen werden überall dort Bündelleiter, bestehend aus zwei Teilleitern, verwendet, in denen Einsäulentrenner, wie X-Trenner, Greifertrenner, Pantographtrenner usw., angewendet werden, deren Gegenkontakte am Leiterseil befestigt sind. Dadurch werden Schwingungen der Gegenkontakte quer zur Längsachse gemildert, um ein sicheres Eingreifen der Trennerarme in die beweglichen Gegenkontakte zu erleichtern.

Neben rein elektrischen und mechanischen Vorteilen bieten Bündelleiter im Schaltanlagenbau die Möglichkeit, aus Freileitungen ausgebaute Seile als Seilsammelschienen für hohe Stromstärken zu verwenden.

Während in Deutschland z. Z. überwiegend Zweier- und Vierer-Bündel angewendet werden, benutzen die Ingenieure in anderen Ländern vielfach Dreierbündel.

3.25 Isolierte Leiter und Leitungsführungen

Bisher wurden nahezu alle Höchstspannungsanlagen in Deutschland unter Verwendung blanker Leitungen gebaut. Dem Konstrukteur des elektrischen Anlagenbaues stehen heute in zunehmendem Maße hochwertige Kunststoffe, insbesondere hochwertige Isolierstoffe, zur Verfügung, deren Anwendung das Gesicht der Hochspannungs-Schaltanlagen verändern wird. Die Entwicklung einer typischen Hochspannungs-Schaltanlagenisolation befindet sich im Gegensatz zu der Isolationstechnik auf den Gebieten der elektrischen Maschinen, Transformatoren und Kabel im Anfangsstadium. Die Technik der isolierten und gekapselten Hochspannungs-Schaltanlagen ist keineswegs neu. Als Anlagen mit besonders kleinen Abmessungen sind die englischen gußgekapselten öl- oder massegefüllten Schaltanlagen bekannt. In Deutschland hat man sich mit dieser Technik nicht befreundet, weil man sich vor den großen Mengen brennbarer Isoliermasse fürchtet. Wenn nun heute der Chemiker neue Isolierstoffe zur Verfügung stellt, liegt es nahe, zu prüfen, ob man mit diesen ähnliche vorteilhafte Wirkungen, insbesondere eine Verminderung der Abmessungen und einen Schutz gegen Verschmutzung und Berührung der Hochspannungsanlagen erzielen kann, ohne die erwähnte Ölbrandgefahr in Kauf nehmen zu müssen.

3.251 Verschiedene Isolierungsverfahren

Der Konstrukteur des elektrischen Anlagenbaues verwendet drei Isolationsmethoden: 1. das Verfahren der Abschirmung, 2. das der „Teilisolierung" und 3. das der Vollisolierung. Er wird nach technischen und wirtschaftlichen Gesichtspunkten von diesen drei Methoden Gebrauch machen und unter Umständen auch mehrere Verfahren miteinander kombinieren.

Die bekannten Wirkungen von Schirmen aus Isolierstoff, die in das stark inhomogene elektrische Feld von Spitzenelektroden gebracht werden, sind in Bild 28 dargestellt. Die Kurven zeigen die Durchschlagsspannung in Abhängigkeit von der Stellung der Schirme innerhalb des Raumes zwischen den Elektroden. Oberhalb der Kurven sind die Gesamtanordnung und die Stellung der Schirme eingezeichnet. Wie aus den Kurven hervorgeht, ergibt die dargestellte Schirmstellung eine optimale Steigerung der Durchschlagsspannung. In dieser günstigen Stellung der Schirme steigt die Spannung (Bild 28 a) von 60 kV auf über 120 kV an, wobei der zuletzt angegebene Wert bei einer Entfernung *a* der Schirme von etwa $^1/_5$ des Elektrodenabstandes erreicht wird. Die Wirkung dieser Schirme besteht darin, daß das zwischen den Spitzen und Kanten bestehende stark inhomogene Feld in ein weitgehend homogenes Feld zwischen den Schirmen umgeformt wird. In diesem Zusammenhang kommen extrem dünne Schirme zur Anwendung.

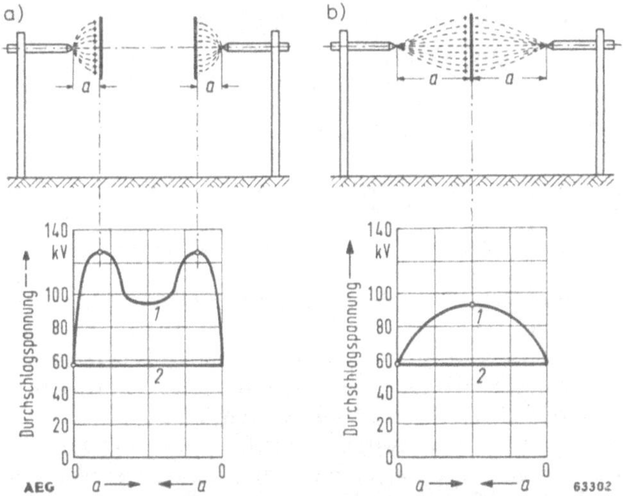

Bild 28. Prinzip der Wirkung von Isolationsschirmen im elektrischen Feld auf die Spannungsfestigkeit von Leitungs- und Geräteteilen

a) Wirkung von zwei Isolierschirmen 1) mit Schirm
b) Wirkung nur eines Schirmes 2) ohne Schirm

3.2511 Die Methode der Teilisolierung

Zur Erklärung der „Teilisolierung" sind in Bild 29 drei verschiedene Leiteranordnungen aufgezeichnet. Im Teilbild a sind die im offenen Schaltanlagenbau üblichen blanken Leiter ohne Verwendung einer besonderen Isolationshülle dargestellt. Die Leiter sind in einem durch die vorgeschriebene Prüfspannung und die Form des Leiters bestimmten Luftabstand l verlegt.

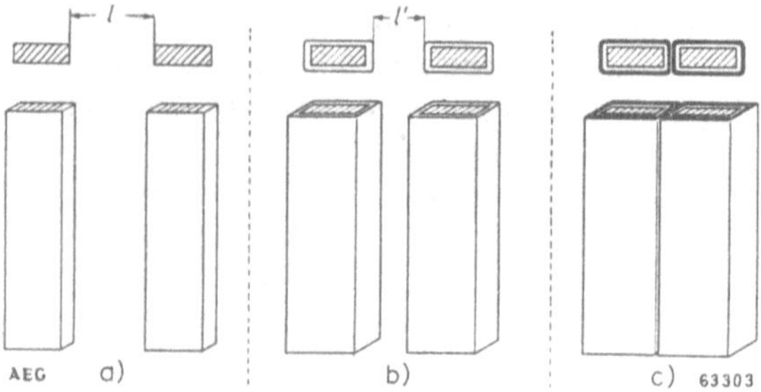

Bild 29. Verschiedene Anordnungen von blanken und isolierten Leitern mit und ohne Luftabstand zwischen den Leitern
a) blanke, nicht isolierte Leiter
b) Leiter mit Teilisolierung
c) Leiter mit Vollisolierung und geerdeten Außenmänteln

In Bild 29 b sind zwei teilisolierte Leiter in einem verminderten Luftabstand l' angeordnet. Jeder der beiden Leiter ist mit einer mehr oder weniger dicken festen Isolationsschicht versehen und außerdem ist die bereits erwähnte Luftschicht vorgesehen, von deren richtiger Bemessung die Gesamtwirkung abhängt. Im folgenden soll von Teilisolierung immer dann gesprochen werden, wenn die Leiter selbst unter Verwendung eines festen Isolierstoffes isoliert sind, wenn aber außerdem eine Luftisolation — z. B. unter Atmosphärendruck — vorhanden ist, die einen erheblichen Anteil der Spannung aufnimmt und auf diese Weise die feste Isolationsschicht entlastet. Durch diese Entlastung werden im wesentlichen vier Wirkungen erzielt: Das Fugenproblem ist leichter zu lösen, die vom Kabel her bekannten sog. Störlufteinschlüsse werden in ihrer Wirkung vermindert, die Ableitung der im Leiter entstehenden Verlustwärme wird begünstigt und die Anforderungen an den festen Isolierstoff werden eingeschränkt.

Bei isolierten Anordnungen entsteht das Fugenproblem auf folgende Weise. Eine Schaltanlage setzt sich bekanntlich aus mehreren Teilen, wie Sammelschienen, Trennern, Leistungsschaltern und Abgangsleitungen zusammen. Wenn alle diese Geräte isoliert ausgebildet sind, entstehen an allen Stellen, an denen die Anlagenteile bei der Montage zusammengefügt und bei der Demontage auseinandergenommen werden, Fugen zwischen den Isolierstoffteilen der einzelnen Anlageteile. Im Anschluß an das Zusammenfügen einer Anlage müssen sämtliche Fugen einwandfrei verschlossen werden, was zu den Problemen der Fugenausbildung führt (Bild 56).

Häufig wird angenommen, daß es ausreichend ist, von zwei parallel angeordneten oder sich kreuzenden Leitern nur einen Leiter mit einer Isolationsschicht zu versehen. Dies ist aber ein Irrtum. Besonders groß ist die Versuchung, eine nur einseitige Isolierung vorzusehen, wenn es sich um Sammelschienen und die an dieselben angeschlossenen T-förmigen Abzweigungen handelt.

Es ist nämlich sehr einfach, die geraden Sammelschienenstücke mit einer Isolationsschicht zu umgeben, es ist aber schon recht schwierig, die im Zuge der Sammelschienen liegenden T-Abzweigstellen in entsprechender Weise zu isolieren.

3.2512 Die Methode der Vollisolierung

Die Vollisolierung ist im Teilbild 29 c dargestellt. Die elektrischen Leiter sind jeder mit einer festen Isolationsschicht und mit einem geerdeten Außenmantel im Sinne der Phasentrennung versehen. Die gesamte Betriebs- und Prüfspannung wird von der festen Leiterisolation aufgenommen. Eine Luftschicht zwischen den beiden geerdeten Außenmänteln kann vorhanden sein. Sie spielt isolationstechnisch keine Rolle. Diese Methode der Vollisolierung ist bei jedem normalen Hochspannungskabel angewendet.

Die Außenmäntel können auch fortfallen, dann müssen aber die beiden Isolationsschichten ohne Luftzwischenräume miteinander vereinigt werden, d. h. die beiden Leiter werden in eine einzige Isolationsschicht eingebettet. Eine zusätzliche Luftisolation wie bei der Teilisolierung ist nicht vorhanden. Lufteinschlüsse sind sogar schädlich. Das ist dem Betriebsfachmann aus der Kabelpraxis bekannt.

Im Abschnitt 7.32 sind Höchstspannungsanlagen behandelt, bei denen die erwähnten Isoliermethoden angewendet sind.

4 Steuerschränke und Hilfskabelverlegung

4.1 Steuerschränke

In Höchstspannungs-Schaltanlagen erfolgt die Steuerung der Schaltgeräte im allgemeinen durch elektrische Fernbetätigung von einer Schaltwarte aus. Zu diesem Zweck sind in der Nähe der Hochspannungsgeräte in Steuerschränken die Steuergeräte eingebaut. Insbesondere handelt es sich hierbei um elektrisch betätigte Druckluft-Steuergeräte. Für den Notfall und zu Revisionszwecken muß die Möglichkeit vorhanden sein, auch vom Einbauort der Steuergeräte aus die zugehörigen Hochspannungsschalter „von Hand“ bzw. „vor Ort“ schalten zu können. Zum Schutz gegen Witterungseinflüsse werden alle Steuerventile, Sicherungen, Hilfsschalter usw. der Schaltgeräte eines Hochspannungsfeldes im Steuerschrank zusammengefaßt. In vielen Fällen wird für die „Vor-Ort-Steuerung“ ein Blindschaltbild des betreffenden Feldes eingebaut, das auch bei geschlossenem Steuerschrank durch ein Glasfenster von außen beobachtet werden kann (Bild 30).

Im Steuerschrank enden alle von der Schaltwarte ankommenden Steuerkabel an einer Klemmenleiste, an die auch die durch die Anlage von Feld zu Feld führenden Betätigungs-Ring- und -Sammelleitungen angeschlossen

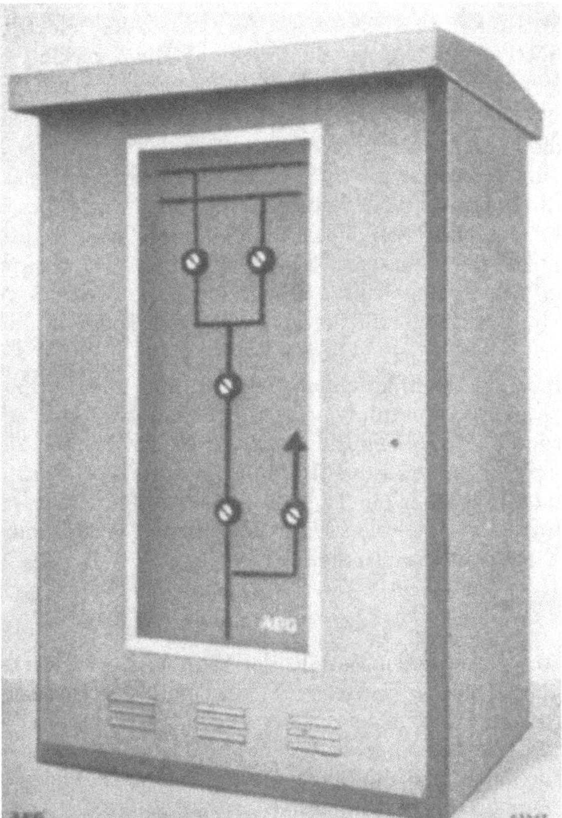

Bild 30. Steuerschrank Freiluftschaltanlage

sind. Von hier aus führen die Steuer- und Meßleitungen zu den Betätigungsspulen der Steuergeräte, zu den Strom- und Spannungswandlern und zu den Meldeschaltern der

Hochspannungs-Schaltgeräte. Neben dieser elektrischen Ausrüstung enthält der Steuerschrank die Druckluft-Hilfsgeräte, zu denen Absperrschieber, Steuerventile und Druckmesser gehören.

Alle elektrischen und durcklufttechnischen Geräte werden im Steuerschrank fabrikfertig eingebaut geliefert, was die Montage auf der Baustelle vereinfacht und beschleunigt. Die vorwiegend aus Stahlblech gefertigten Steuerschränke bieten den darin eingebauten Geräten zwar Schutz gegen Staub, Regen usw., aber nicht ohne weiteres gegen Feuchtigkeitsniederschläge als Folge von Temperaturänderungen.

Durch wärmeisolierende Trennung des Metallschrankes von seinem Betonfundament, durch eine zweckmäßig angeordnete Schrankbelüftung und durch den Einbau kleiner Heizkörper an den Eintrittsöffnungen der Zuluft wird diese einige Grade über die Temperatur der Außenluft erwärmt. Dadurch sinkt die relative Luftfeuchtigkeit im Schrank und die Geräte bleiben trocken.

4.2 Relaishäuser

In manchen Fällen besteht der Wunsch, zum Zwecke der Leitungsersparnis zwischen Warte und Hochspannungsanlage die Schutzrelais nicht in der Warte, sondern in der Hochspannungsanlage selbst unterzubringen. Lange Zeit hindurch sah man die Steuerschränke als nicht geeignet für den Einbau dieser Schutzrelais an und ordnete sie deshalb für die ganze Schaltanlage gemeinsam oder für eine bestimmte Gruppe von Hochspannungsfeldern zusammen in gemauerten, heizbaren Relaishäusern an, die naturgemäß kostspielig sind. In diesen Relaishäusern wird das gleiche Klima wie in einer Schaltwarte aufrechterhalten. Vielfach werden dann in diesen Häusern auch Registrierinstrumente eingebaut. Durch Kombination mit Aufenthaltsräumen, Drucklufterzeugungsanlagen usw. versucht man die Relaishäuser besser auszunutzen.

In stahlblechgekapselten Mittelspannungs-Schaltanlagen sind jedoch seit langen Jahren auch Schutzrelais mit Erfolg eingebaut worden, die den gleichen Witterungsbedingungen ausgesetzt sind, wie sie in Freiluft-Steuerschränken herrschen. Daher sind in neuerer Zeit auch schon Hochspannungs-Freiluft-Schaltanlagen gebaut worden, in denen die Schutzrelais in den Freiluftsteuerschränken untergebracht sind. Diese Unterbringungsart der Schutzrelais in der Hochspannungsanlage wird besonders dann interessant, wenn es sich um fernbediente Anlagen handelt, die nicht mit einer eigenen Schaltwarte ausgerüstet sind und in denen kein Überwachungspersonal stationiert ist.

4.3 Kabelkanäle für die Hilfsleitungsverlegung

Die große Zahl der Steuer- und Meßkabel und Druckluft-Rohrleitungen, die in einer Schaltanlage erforderlich sind, werden im allgemeinen in Kabelkanälen verlegt. Durch diese Sammlung der Kabel in bestimmten Kanälen wird die Gefahr von Kabelstörungen bei Erdarbeiten, eine der häufigsten Ursachen bei Kabelfehlern, weitgehend ausgeschaltet. Außerdem können in diesen Kanälen die Leitungen leicht überwacht und die Hilfsleitungsanlagen erweitert werden. Die verschiedenen Ausführungsarten der Kabelkanäle unterscheiden sich in der Hauptsache durch ihre Lage unter oder über der Erdoberfläche.

4.31 Unterirdische Kabelkanäle

Die meisten Kabelkanäle sind unterirdisch angeordnet. Zu unterscheiden ist zwischen begehbaren Kabelkanälen (Bild 31 a), nicht begehbaren, aber auf der ganzen Länge von der Erdoberfläche aus zugänglichen Kanälen (Bild 31 b und c) und den nur an wenigen Punkten zugänglichen Kabelkanälen nach Bild 31 d. Begehbare Kabelkanäle werden nur dort oder nur in den Teilen einer Anlage gebaut, in denen eine sehr große Anhäufung von Kabeln vorkommt, also zwischen der Schaltwarte und der Schaltanlage und evtl. auch als Hauptkanal in Längsrichtung dieser Anlage. Sie haben den großen Vorteil, daß in ihnen, ohne Behinderung des Betriebes, Kabelarbeiten vorgenommen werden können, was besonders dann günstig ist, wenn die Kanäle Hochspannungsfelder kreuzen.

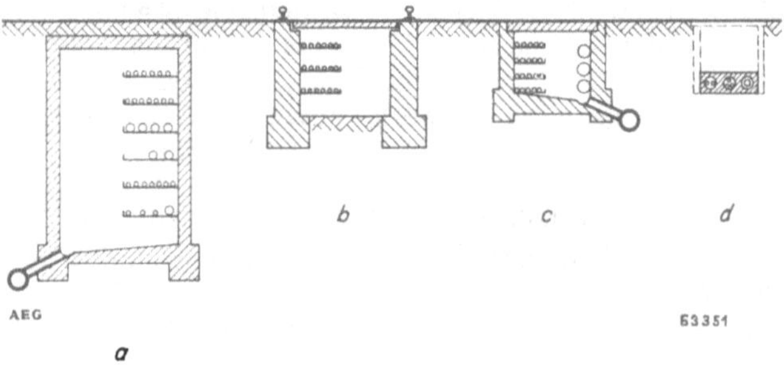

Bild 31. Verschiedene Ausführungen von Kabelkanälen

a) begehbarer Kabelkanal
b) nicht begehbarer Kabelkanal zwischen Fahrschi Untergrund wasserdurchlässig
c) nicht begehbarer Kabelkanal mit Entwässerung
d) Kabelkanal aus Kabelformsteinen

Die in den Kanälen auf Pritschen verlegten und gegen mechanische Beschädigung gut geschützten Kabel und Leitungen können leicht überwacht werden und sind auch gegen Verrottung geschützt, wenn der Kanal ordnungsgemäß belüftet ist. Die an sich schon hohen Herstellungskosten für einen begehbaren Kabelkanal können durch ungünstige Bodenbeschaffenheit, wie z. B. hohen Grundwasserspiegel, felshaltigen Boden usw., noch beachtlich steigen. Entwässerungsanordnungen dürfen beim Bau dieser Kanäle nicht vergessen werden. Wegen der umfangreichen Erd- und Betonarbeiten erfordern sie eine lange Bauzeit und müssen beim Bau einer Anlage genau eingeplant werden.

Weniger aufwendig sind nicht begehbare Kabelkanäle, die auf der ganzen Länge mit Platten abgedeckt sind. Besonders zweckmäßig ist die Anordnung dieser Kabelkanäle in der Mitte der Transportgänge zwischen evtl. vorhandenen Fahrschienen, weil in diesem Falle die Fundamentwangen für die Fahrschienen als Kabelkanalwandungen ausgenutzt werden können (Bild 31 b). Wenn der Grundwasserspiegel nicht sehr hoch liegt und das Erdreich wasserdurchlässig ist, kann auf einen festen Boden des Kanals verzichtet werden. Die Kanäle werden häufig auch aus vorgefertigten Betonformsteinen hergestellt (Bild 31 c). Auch in ihnen liegen die Kabel gut geschützt auf Pritschen. Diese Kanäle können allerdings nicht trocken gehalten werden, weil durch die Schlitze der Abdecksteine Regen- und Schmelzwasser eindringen kann. Andererseits bereitet ihre Entwässerung infolge der geringen Tiefe meistens keine besonderen Schwierigkeiten. Auf eine Entwässerung kann verzichtet werden, wenn zwischen zwei aufeinanderfolgenden Formsteinen Zwischenräume freigelassen werden und der Untergrund genügend wasserdurchlässig ist.

Wenn es sich darum handelt, eine geringe Anzahl Kabel kleinen Querschnittes zu verlegen und trotzdem spätere Erweiterungen oder Änderungen ohne Erdarbeiten möglich sein sollen, können die Kanäle aus Kabelsteinen nach Bild 31 d hergestellt werden. Sie sind dann nur an den Einstieg- oder Abzweigkästen zugänglich. Neu zu verlegende Kabel müssen durchgezogen werden. Wegen der großen Druckfestigkeit werden sie vorzugsweise bei Straßenkreuzungen verwendet.

4.32 Oberirdische Hilfskabelkanäle

Die große Zahl der in einer Hochspannungs-Schaltanlage zu verlegenden Starkstromkabel und Hilfsleitungen bedingt eine gewisse Größe der Kabelkanäle. Durch den Übergang auf Schwachstromsteuerungen können die Abmessungen der Kabel wesentlich reduziert werden. Damit läßt sich auch die Größe der Kabelkanäle so vermindern, daß die Frage gestellt werden kann, ob sich unterirdische Kabelkanäle überhaupt noch lohnen. Für solche Fälle wurden oberirdische Hilfskabelkanäle entwickelt (Bild 32).

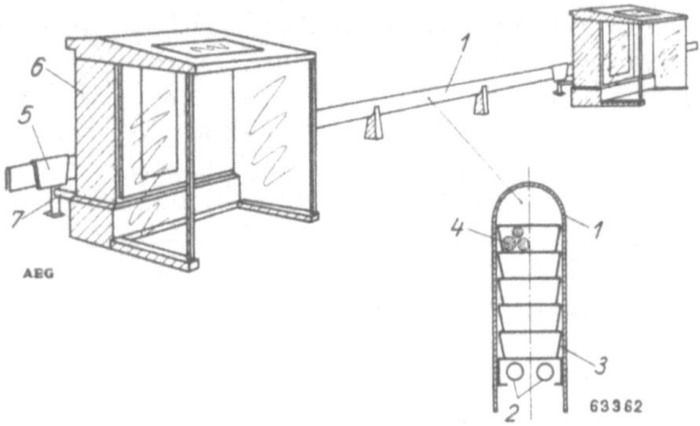

Bild 32. Oberirdischer Hilfskabelkanal

1 abnehmbares Gehäuse
2 Druckluftrohre
3 Kabelpritschen
4 Schwachstrom-Steuerkabel
5 Übergangsstück zum Steuerschrank
6 Steuerschrank mit Schutzdach
7 Übergangsrohr

Unter einem abnehmbaren Gehäuse (1) liegen unter dem Grundrahmen die Druckluftrohre (2), die von unten angehängt werden. Auf einzelnen Kabelpritschen (3) liegen die Schwachstromkabel (4), die bei abgenommenem Gehäuse auf der ganzen Länge zugänglich sind. An den Abzweigen zu den Steuerschränken (6) sind Übergangsstücke (5) angeordnet, von denen aus die Kabel und Leitungen durch ein Rohr (7) zum Steuerschrank geführt werden.

In jeder Kabeletage lassen sich Schwachstromkabel unterbringen, die für die Steuerung und Überwachung von zwei Hochspannungsabzweigen mit Vierfach-Sammelschienen ausreichen. Der dargestellte Querschnitt des oberirdischen Hilfskabelkanales reicht also für zehn Hochspannungsabzweige der angegebenen Größe oder entsprechend mehr mit kleinerem Umfang aus. Diese Bauform ist bisher in Deutschland noch nicht angewendet worden. In Amerika wurden ähnliche Formen angewendet, um Planungs- und Erdarbeiten im Zusammenhang mit der Verlegung des Hilfskabelnetzes zu beschränken.

5 Erdung und Erdungseinrichtungen [21]

Der Erdung von Teilen der Betriebsstromkreise in Wechselstromanlagen über 1 kV kommt besondere Bedeutung zu, weil bei Isolationsfehlern von Hochspannungsanlageteilen Gefahren für Menschen, Tiere und Geräte auftreten, wenn nicht wirksame Schutzmaßnahmen getroffen werden, die in den VDE-Bestimmungen 0141 festgelegt sind. Hiernach wird zwischen Schutzerdung und Betriebserdung unterschieden.

Die Schutzerdung ist die unmittelbare Erdung eines *nicht* zum Betriebsstromkreis gehörenden leitfähigen Teiles der Betriebsmittel oder Anlagen zum Schutze von Menschen gegen zu hohe Berührungs- und Schrittspannung (VDE 0141/11.58 § 5 b), und Betriebserdung ist im Gegensatz dazu die Erdung eines *zum* Betriebsstromkreises gehörenden Anlageteiles, z. B. des Mittel- oder Sternpunktes bzw. des Mittel- oder Sternpunktleiters an beliebiger Stelle im Leitungsnetz (VDE 0141/11.58 § 5 c).

Die Schutz- und Betriebserdungsanlagen können zu einer Erdungsanlage zusammengeschlossen werden, wenn sichergestellt ist, daß bei einem Erdschluß an keiner Stelle dieser Erdungsanlage eine höhere Erderspannung als 125 V auftreten kann. Andere Verhältnisse liegen vor, wenn in Höchstspannungsnetzen mit Nennspannungen von 110 kV und darüber der Sternpunkt unmittelbar oder über strombegrenzende Widerstände geerdet wird. In solchen Netzen kann die Erderspannung wegen der großen Ströme nicht auf 125 Volt begrenzt werden, denn jeder Erdschluß stellt einen Erdkurzschluß mit einem entsprechend hohen Kurzschlußstrom dar. Deshalb ist nicht mehr die Erderspannung, sondern es werden die Schritt- und Berührungsspannung begrenzt (Bild 33).

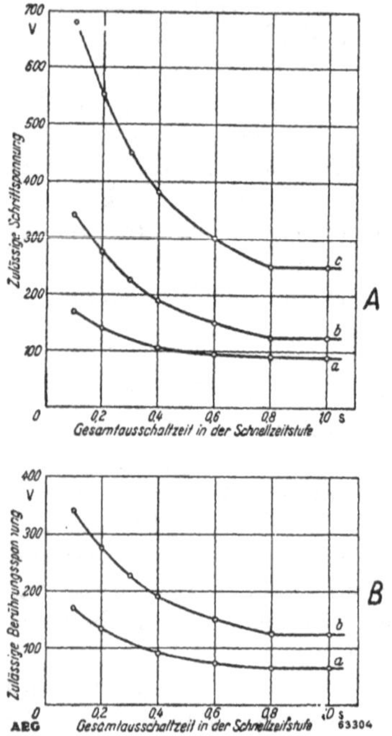

Bild 33. Zulässige Schritt- und Berührungsspannungen in Anlagen mit unmittelbarer Sternpunkterdung

A = Schrittspannungen
a = außerhalb von Anlagen an verkehrsreichen Fahrwegen
b = innerhalb und außerhalb von Anlagen (ausgenommen a)
c = innerhalb von Freiluftanlagen bei Benutzung von Isolierschuhen

B = Berührungsspannungen
a = außerhalb von Anlagen
b = innerhalb von Anlagen

Die zulässige Schritt- und Berührungsspannung ist von der Gesamtausschaltzeit des Leistungsschalters in der Schnellzeitstufe abhängig. So dürfen die Schritt- und Berührungsspannungen, beispielsweise bei einer Gesamtausschaltzeit von

0,2 Sekunden maximal bis etwa 275 V ansteigen. Bei einer Gesamtausschaltzeit von 0,4 Sekunden geht dieser Wert schon auf 190 V zurück (VDE 0141/11.58 § 27).

5.1 Entstehung von Erdschlußströmen und ihre Abhängigkeit von der Erdungsart des Netzes [22]

In jeder Hochspannungsanlage können Erdschlußströme selbst dann auftreten, wenn der Sternpunkt des Drehstromnetzes keine Erdverbindung hat. Dies ist auf die kapazitive Eigenschaft der Freileitungen und Kabel und auf die, wenn auch geringe Leitfähigkeit der Hochspannungsisolation zurückzuführen. Im allgemeinen werden Hochspannungsnetze jedoch mit starrer oder ohne starre Erdung des Sternpunktes betrieben (VDE 0111). Unter starrer Erdung versteht man die unmittelbare Erdung der Tranformatorsternpunkte des Netzes.

Wie schon im Abschnitt 2.11 erwähnt wurde, stellt in einem starr geerdeten Netz jeder Erdschluß einen Erdkurzschluß dar, der sehr hohe Kurzschlußströme zur Folge hat, die außerordentlich große Anforderungen an die Schaltgeräte und Erdungseinrichtungen stellen. Diese Kurzschlußströme müssen durch Schutzeinrichtungen selbsttätig in kurzer Zeit abgeschaltet werden. Um die Größe der Erdkurzschlußströme in starr geerdeten Netzen auf gut beherrschbare Werte zu begrenzen, werden in verschiedenen Netzen die Transformatorsternpunkte nicht unmittelbar, sondern mittelbar über strombegrenzende, niederohmige Widerstände oder Sternpunktdrosselspulen geerdet (VDE 0141). Auch bei der unmittelbar starren Erdung sind Schutzeinrichtungen zur sofortigen Beseitigung des Erdschluß-Lichtbogens erforderlich. Schließlich können auch solche Netze zur Gruppe der starr geerdeten gerechnet werden, in denen nicht alle vorhandenen Sternpunkte unmittelbar geerdet sind (teilstarre Erdung).

Höchstspannungsnetze von 150 kV an und darüber werden überwiegend mit starrer Sternpunktserdung betrieben.

In Netzen ohne starre Sternpunktserdung werden die Sternpunkte entweder frei (isoliert) ausgeführt, oder sie sind über Erdschlußlöschspulen induktiv geerdet. Durch Anpassung der Induktivität der Erdschlußlöschspulen, die auch unter der Bezeichnung Petersenspule bekannt sind, an die Leitungskapazität wird der kapazitive Ladestrom der Freileitungen so kompensiert, daß im Falle eines Erdschlusses der an der Fehlerstelle verbleibende Reststrom nicht ausreicht, um den Lichtbogen in Gang zu halten.

Besteht jedoch ein großer Teil des Netzes aus Kabeln, dann ist unter Umständen die nicht starre Erdung über Erdschlußlöschspulen wegen der sehr großen kapazitiven Ladeströme der Kabel nicht anwendbar. Netze, die mit nicht starrer Erdung über Erdschlußlöschspulen betrieben werden, bezeichnet man als selbstlöschende Netze. Allerdings sind der Anwendung dieses Systems aus den verschiedensten Gründen Grenzen gesetzt, so daß heute die induktive Erdung nur noch bei Spannungen bis zu 110 kV angewendet und auch hier trotz ihrer außerordentlichen betrieblichen Vorteile teilweise von der starren Erdung verdrängt wird.

Erdschlüsse bzw. Erdkurzschlüsse können auf verschiedenste Weise entstehen. So können Isolationsfehler bei normaler Betriebsspannung, die meistens auf mechanische Ursachen zurückzuführen sind, wie z. B. Erdberührung eines Leiters, Berührung mit Baumästen, der Anlaß sein. Eine andere häufige Erdschlußursache bei normaler Betriebsspannung ist starke Verschmutzung der Isolatoren durch Industrieabgase oder Salzablagerungen in Küstennähe und anschließend auftretender Nebel mit Taubildung, oder

Regen nach längeren Trockenperioden. Die dabei auftretenden Kriechströme an den Isolatoren werden unzulässig groß. Es treten Entladungsvorgänge auf, die schließlich zum Lichtbogenüberschlag vom Leiter zur Erde führen.

Schließlich kommen noch Überspannungen als Erdschlußursache in Betracht. Sie können sowohl durch atmosphärische Einwirkungen, z. B. Gewitter, als auch durch Schaltvorgänge verursacht werden.

In Netzen mit Erdschlußlöschung kann der Betrieb im Falle von Einfacherdschlüssen über längere Zeiträume hinweg aufrechterhalten werden. Diesem großen betrieblichen Vorteil der induktiven Netzerdung (Erdschlußlöschung durch Petersenspulen) ist es zu verdanken, daß diese Art der Netzerdung insbesondere in Deutschland stark verbreitet ist. Allerdings führt der durch den Erdschluß hervorgerufene Spannungsanstieg auf den beiden anderen Leitern zu einer erhöhten Spannungsbeanspruchung der Isolation, so daß unter sehr ungünstigen Umständen ein weiterer Erdschluß auf einem dieser Leiter entstehen kann. Dieser Doppelerdschluß erfordert sofortige Abschaltung, weil die in diesem Fall fließenden Erdschlußströme, trotz ordnungsmäßiger Erdungsanlage, sehr hohe Erderspannungen verursachen können, die gefährliche Werte annehmen, wenn sich einer der beiden Erdschlußpunkte in einer Schaltanlage befindet. Bei kurzer Ausschaltzeit ist die Wahrscheinlichkeit gering, daß sich bei diesem ungünstigsten Fehlerfall ein Unfall ereignet.

5.2 Erdungsanlagen

Bedingt durch die über Erde fließenden, teilweise sehr großen Ströme entstehen mehr oder weniger hohe Erderspannungen, die durch geeignete Maßnahmen auf ungefährliche Werte beschränkt werden müssen. Die Erderspannung ist die Spannung, die bei Stromfluß durch einen Erder oder eine Erdungsanlage zwischen diesen und einer hinreichend weit entfernten Bezugserde auftritt. Die an der Erdoberfläche zwischen dieser Bezugserde und dem Erder bzw. der Erdungsanlage gemessenen Spannungen geben den Potentialverlauf an (Bild 34). Die Steilheit des durch den Potentialverlauf gebildeten Spannungstrichters ist maßgebend für die Höhe der möglichen Schritt- und Berührungsspannungen [23].

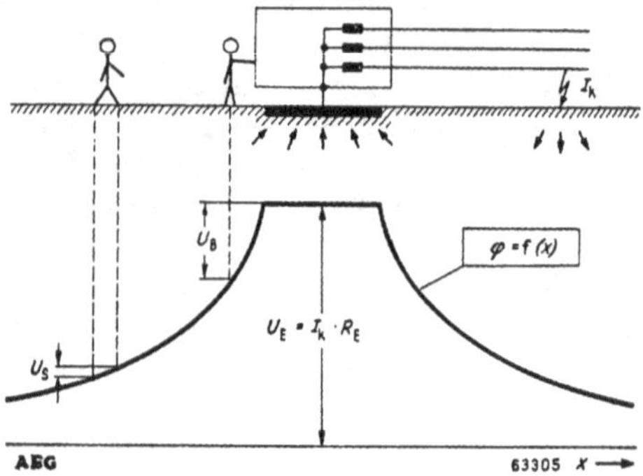

Bild 34. Spannung eines stromdurchflossenen Erders

φ Potential des Erders gegenüber der elektrisch neutralen Erde
I_k Kurzschlußstrom (durch die Erde)
R_E Ausbreitungswiderstand des Erders
U_S Schrittspannung
U_B Berührungsspannung
U_E Erderspannung

Unter der Berührungsspannung ist der Teil der Erdungsspannung zu verstehen, der vom Menschen überbrückt werden kann, wobei der Stromweg von der Hand zum Fuß (waagerecht etwa 1 m) oder von Hand zu Hand verläuft (VDE 0141/11.58 § 6 c). Als Schrittspannung wird derjenige Teil der Erderspannung bezeichnet, der durch die Schrittweite (etwa 1 m) überbrückt werden kann, wobei der Stromweg von Fuß zu Fuß verläuft (VDE 0141/11.58 § 6 d).

Um unzulässig hohe Berührungs- oder Schrittspannungen zu vermeiden, wurden die verschiedensten Erderarten entwickelt, die meist in verschiedenen Kombinationen je nach den Geländeverhältnissen zu einer Erdungsanlage verbunden werden.

5.21 Erderarten

Grundsätzlich kann jedes in der Erde liegende Metallteil als Erder dienen, also auch solche metallischen Einrichtungen, die mit elektrischen Hochspannungsanlagen nichts zu tun haben, z. B. Rohrleitungen, Stahlfundamente, Eisenbahngleise, Kabelmäntel usw. In jedem Fall wird angestrebt, mit wirtschaftlichen Mitteln einen möglichst geringen Erdübergangswiderstand zu erzielen. Welche Erderart benutzt wird, hängt von der Bodenbeschaffenheit, den baulichen Gegebenheiten und den zu erwartenden Erdschlußströmen ab.

Im allgemeinen werden in Hochspannungsanlagen Banderder, Seilerder, Stab- und Rohrerder benutzt, die die eigentliche Erdungsanlage bilden und den gewünschten niedrigen Erdübergangswiderstand erzeugen. An einzelnen Stellen der Anlage kann es mit Rücksicht auf die zulässigen Schritt- und Berührungsspannungen notwendig sein, zusätzliche Erder einzubauen, um durch Potentialsteuerungen Gefährdungen auch an diesen Stellen zu vermeiden. Diese Potential- oder Steuererder werden vielfach als Ringerder in verschiedenen Tiefen eingebaut. Je nach der Bodenbeschaffenheit können z. B. bei Freileitungsmasten drei bis vier Ringerder erforderlich werden. Der Gesamtaufwand für die Erdung kann in Einzelfällen, besonders in dicht besiedelten Gegenden, außerordentlich hoch werden.

In Hochspannungs-Freiluft-Schaltanlagen wird die Erdungsanlage überwiegend als Maschennetz ausgebildet, an das alle Metallteile in der Schaltanlage angeschlossen werden. Man erreicht so innerhalb der Anlage ein Absenken der möglichen Schritt- und Berührungsspannungen, obwohl das Gelände der Schaltanlage ein erhöhtes Potential gegenüber der weiteren Umgebung annehmen kann. Dies erfordert insbesondere bei unmittelbarer Erdung des Sternpunktes über strombegrenzende Widerstände zusätzliche Maßnahmen an den Grundstücksgrenzen der Schaltanlage, wobei darauf geachtet werden muß, daß die Erderspannung nicht aus der Schaltanlage heraus verschleppt wird. Das kann der Fall sein, wenn Schienen, Rohrleitungen, Kabelmäntel usw. über die Anlagegrenze hinausführen. Derartige Einrichtungen sind mit Isolierzwischenstücken zu versehen. Es ist jedoch auch wieder darauf zu achten, daß keine zu großen Spannungen an den Isolierstücken auftreten können. Unter Umständen müssen in bestimmten Abständen mehrere Isolierstücke angeordnet werden.

Die Freiluftschaltanlagen sind an den Grundstücksgrenzen überwiegend mit Maschendrahtzäunen abgeschlossen. Die Frage, ob diese Zäune an die Erdungsanlage der Schaltanlage angeschlossen werden sollen oder nicht, hängt stark von den örtlichen Verhältnissen ab. Im allgemeinen ist die Anlagenumzäunung so weit von spannungsführenden Anlageteilen entfernt, daß sie im Fehlerfall nicht als Fußpunkt für Lichtbögen dienen kann. Auf diese Weise wird auch vermieden, daß an diesen Zäunen unzulässig hohe Berührungsspannungen auftreten, selbst dann, wenn die Erdungsanlage innerhalb der Umzäunung durch einen Erdschlußstrom Spannung angenommen hat. Zur Ableitung evtl. möglicher Aufladungen des Zaunes sind in ungünstigen Fällen zusätzlich Stab- oder Banderder geringer Ausdehnung erforderlich. Um Potentialverschleppungen längs des Zaunes zu vermeiden, sollen in ungünstigen Fällen Isolierstücke in der Anlagenumzäunung vorhanden sein.

In neuerer Zeit besteht die Möglichkeit, Erdungsprobleme im Zusammenhang mit Anlagenumzäunungen auf einfache Weise dadurch zu lösen, daß der Zaun aus Kunststoff (PVC) hergestellt wird. Besonders in Netzen mit unmittelbarer oder mittelbarer Erdung des Sternpunktes kann die Erderspannung kurzzeitig wesentlich höhere Werte als 125 Volt annehmen. Durch den sich bildenden Spannungstrichter kann in einem solchen Fall zwischen der Erdungsanlage und der im allgemeinen nicht an die Erdungsanlage angeschlossenen Anlagenumzäunung ein unzulässig hohes Potentialgefälle entstehen. Dann kann es zur Herabsetzung der Schritt- und Berührungsspannung notwendig werden, zwischen der Erdungsanlage und der Umzäunung zusätzliche Potentialerder einzubauen, die eine Potentialrampe bilden und das Potentialgefälle so abflachen, daß die zugelassenen Höchstwerte nach Bild 33 Kurven b nicht überschritten werden.

Handelt es sich jedoch um Anlagen, die an verkehrsreichen Fahrwegen liegen, dann darf die Schritt- und Berührungsspannung die Werte der Kurven a im Bild 33 nicht überschreiten. Die Einhaltung dieser Höchstwerte kann dann unter Umständen nur durch zusätzliche Steuererder außerhalb der Anlage erreicht werden, wenn der Abstand innerhalb der Anlage zwischen Zaun- und Erdungsanlage nicht für eine genügend große Potentialrampe ausreicht.

Wie umfangreich die verschiedenen Erdungsmaßnahmen sind, geht aus Bild 35 hervor, in dem der Zusammenschluß verschiedener Erdungen unter Hinweis auf die VDE-Vorschriften schematisch dargestellt ist (Darstellung nach G. Funk).

Innerhalb der Schaltanlagen sind die Anschlußstellen der Eisenkonstruktionen usw. an die Erdungsanlage oberirdisch so anzuordnen, daß die Anschlußstellen zu Kontrollzwecken

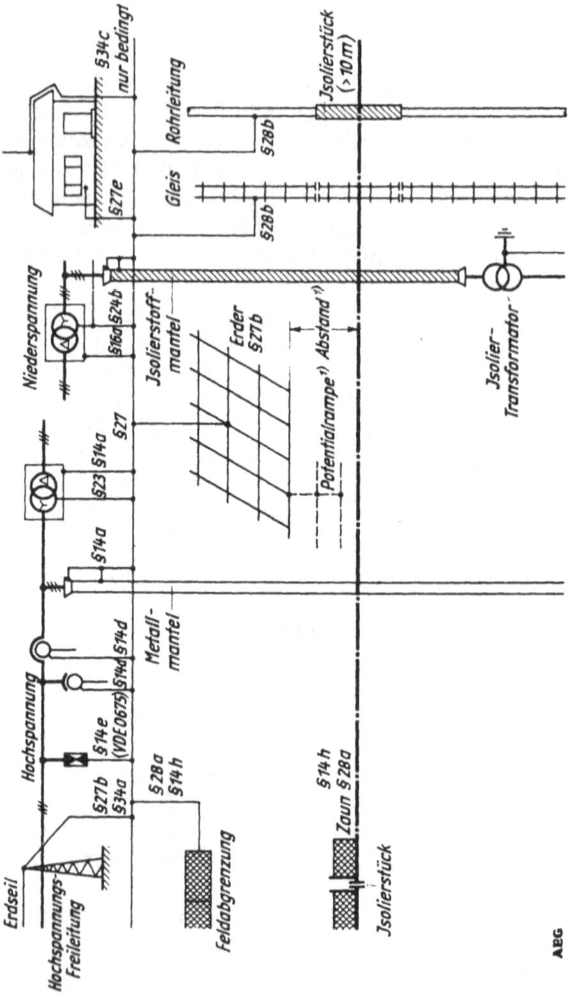

Bild 35. Zusammenschluß von Erdungen

1) abhängig von Potentialverlauf und Erderspannung (§ 24 b).

sichtbar sind. Anderenfalls kann es vorkommen, daß im Laufe der Zeit Anschlußstellen im Erdreich, besonders durch die Bildung von Korrosionselementen, verrotten, ohne daß dies bemerkt wird.

5.3 Blitzschutzseile, Blitzschutzstangen

Überspannungen infolge atmosphärischer Einwirkungen beanspruchen die Isolationseinrichtungen besonders stark, wenn der Blitzschlag in der Schaltanlage selbst oder in deren unmittelbaren Nähe erfolgt, weil in solchen Fällen die dämpfende Wirkung der Freileitung fehlt. Dadurch kann es zu den bereits früher erwähnten rückwärtigen Überschlägen kommen, bei denen der Überschlag von der Masttraverse zum Leiter erfolgt. Um diese Gefährdung auszuschließen, soll die Freileitung mindestens in der Nähe der Schaltanlage mit einem Blitzschutzseil versehen sein, das direkte Einschläge in die Leiterseile verhindert. Unter Umständen ist es zur Erzielung eines möglichst geringen Masterdungswiderstandes ratsam, die letzten Maste vor der Schaltanlage mit der Erdungsanlage der Schaltanlage zu verbinden. Im Zusammenhang mit dem oben behandelten Problem der Potentialverschleppung aus der Schaltanlage heraus sind die Vorschriften für die Erdung von Freileitungsmasten zu beachten.

Innerhalb der Anlagen werden in großem Maße Blitzschutzseile verwendet, die Direkteinschläge in spannungsführende Anlageteile verhindern. Die Bedeutung dieser Frage hat im Laufe der Entwicklung der Schaltanlagen-Konstruktionen selbst erheblich zugenommen. Die anfänglich gebauten Hochspannungs-Freiluftschaltanlagen mit ihren umfangreichen und große Eisenmassen enthaltenden Gerüstkonstruktionen stellten nämlich einen sehr bedeutenden Schutz gegen Blitzeinschläge in spannungsführende Teile dar. Später wurden die Gerüstkonstruktionen aus Eisenersparnisgründen oder infolge veränderter Anlagenbauformen (portallose Reihenbauweise) immer einfacher und und eisenarmer aufgebaut, so daß heute in vielen Fällen ein zusätzlicher Blitzschutz der Schaltanlagen und insbesondere ihrer Transformatoren in den Vordergrund tritt. Die gestrichelte Linie in Bild 36 zeigt den Schutzbereich solcher Blitzschutzseile. Da diese Seile über Leiterseile hinwegführen, sind Revisions- und Änderungsarbeiten an den Blitzschutzseilen oft mit umfangreichen Abschaltungen verbunden, die nicht immer leicht durchzuführen sind. Infolge von Beschädigungen an Seilen der Blitzschutzanlage ist es, wenn auch sehr selten, vorgekommen, daß ein solches Seil herunterfiel und eine Anlagenstörung hervorrief. Beide Gründe führten dazu, daß Schaltanlagen statt

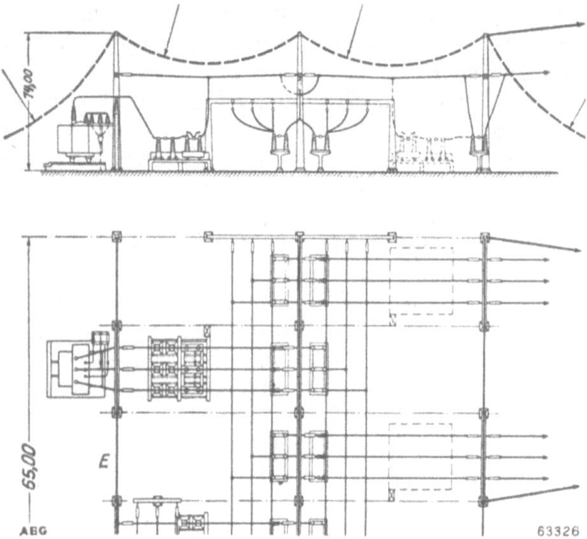

Bild 36. Schutzbereich von Blitzschutzseilen in Freiluft-Schaltanlagen
E = Blitzschutzseil

mit Blitzschutzseilen mit Blitzschutzstangen ausgerüstet werden. Diese lassen sich leichter überwachen und auswechseln. Allerdings muß bei der Verwendung von Blitzschutzstangen beachtet werden, daß sie sehr hoch über die Schaltanlage hinausragen müssen, um einen genügend großen Schutzbereich zu erzielen. Bei vorsichtiger Planung ergeben sich in vielen Fällen größere Höhen für die Schutzstangen, als häufig angenommen wird.

6 Fundamente

Obwohl die Fundamente für Schaltgeräte, Wandler, Maste usw. ohne Berücksichtigung der Transformatorfundamente im allgemeinen nur etwa 3 % des Gesamtwertes einer Schaltanlage ausmachen, kommt ihnen eine gewisse Bedeutung im Hinblick auf die Grundfläche einer Freiluft-Schaltanlage und die Bewegungsmöglichkeiten des Personals auf dem Gelände zu.

6.1 Fundamentarten

Im Schaltanlagenbau überwiegen die Massivfundamente mit und ohne Stahlbewehrung. Sie bestehen, beispielsweise im Falle eines Mast-Fundamentes, für alle vier Füße aus einem Block und erfordern verhältnismäßig umfangreiche Erdarbeiten, da eine Baugrube ausgehoben und eine Schalung erstellt werden muß. Nach dem Gießen und Abbinden der Fundamente muß die Schalung entfernt und die Baugrube wieder verfüllt werden. Bei der großen Zahl von Fundamenten, die in einer Schaltanlage nötig sind, erfordert ihre Herstellung auf diese Weise verhältnismäßig lange Zeit und einen großen Personalaufwand. Zur Beschleunigung dieser Arbeiten werden in neuerer Zeit auch im Schaltanlagenbau im Falle der Verwendung von Gitter-Konstruktionen für Masten und Portale sogenannte Einzelfundamente hergestellt. Bei dieser Fundament-Bauweise wird für jeden der vier Maststiele eines Mastes ein Einzelfundament gebaut. Mit Hilfe eines Bohrgerätes wird ein Fundamentloch ausgehoben, in das ohne jede Schalung der Beton eingefüllt wird. Hierdurch wird bewirkt, daß der Beton nur von gewachsenem Boden umgeben ist und in jeden Spalt des umgebenden Erdreiches eindringt. Die Verbindung des Betons mit dem gewachsenen Boden ist sehr innig, so daß diese Fundamente allgemein leichter als Massivfundamente ausgeführt werden können. Durch den Fortfall aller Schalungsarbeiten und der Erdarbeiten für die Herstellung der Schalung können u. U. die Einzelfundamente bei geringerem Aufwand in kürzerer Zeit hergestellt werden als Massivfundamente.

Schließlich seien noch die vorgefertigten Fundamente erwähnt, die vereinzelt für den Zusammenbau zu Leistungsschalter- und Wandlerfundamenten verwendet werden. Für sie sind zwar die Erdarbeiten etwas umfangreicher als für die gebohrten Einzelfundamente, dafür können aber die vorgefertigten Fundamentteile sofort nach ihrer Einbringung in das Erdreich belastet werden. Auf diesem Gebiet der rationellen Anfertigung umfangreicher Fundamentanlagen sind im Augenblick verschiedene Entwicklungen im Gange.

6.2 Einfluß der Gestaltung der Fundamente auf die Anlagengröße

In den VDE-Bestimmungen 0101 sind Angaben über die einzuhaltenden Abstände gemacht, die zwischen den spannungsführenden Teilen von Hochspannungsgeräten und den Bedienungs- und Kontrollgängen eingehalten werden müssen, um eine Gefährdung des Bedienungspersonals auszuschließen. Für ebenerdig aufgestellte Geräte, die durch Zäune oder andere Absperrungen geschützt sein müssen, ergeben sich für jedes Gerät sehr große abzusperrende

Geländeteile. Außerdem liegen die Verbindungsleitungen zwischen den Geräten sehr niedrig, so daß die Einhaltung der erforderlichen Schutzabstände in manchen Fällen sehr schwierig ist.

Beim Bau der ersten Freiluft-Schaltanlagen wurden in einzelnen Fällen die Hochspannungsgeräte auf Eisenbahnschwellen montiert. In anderen Fällen wurden Fundamenthöhen von nur etwa 60 cm gewählt. Bei dieser Bauform der Fundamente müssen schwere Schaltgeräte, z. B. Leistungsschalter, zum Transport angehoben werden, wenn nicht spezielle, besonders niedrige Transportfahrzeuge zur Verfügung stehen. Außerdem muß durch Einzäunungen dafür gesorgt werden, daß eine Berührung von unter Spannung stehenden Geräten durch den auf dem Gelände tätigen Schaltwärter vermieden wird. Durch diese niedrige Aufstellung werden Fundamentkosten eingespart, aber infolge der erwähnten Einzäunungen entsteht ein erheblicher Grundflächenbedarf. Werden die Schaltgeräte jedoch so hoch über dem Erdboden aufgestellt, daß die Oberkante der geerdeten Teile der Geräte bis zu einer Höhe von 2300 mm über den Erdboden hinausragen, dann sind keine seitlichen Schutzabstände mehr erforderlich, wodurch in vielen Fällen die Abstände zwischen den Geräten verkleinert und somit die Grundfläche der Anlage reduziert wird.

Die Hochspannungstrenner werden, wenn es sich um Drehtrenner handelt, auf Trennertischen montiert, die meistens aus Stahl gefertigt sind. In den meisten Fällen, insbesondere bis 110 kV, werden die dreipoligen Trenner auf einem gemeinsamen Tisch angeordnet. Auf diese Weise können die drei Trenner eines Drehstromsystems mit einem gemeinsamen Druckluftantrieb angetrieben werden. Bei der Verwendung von Einsäulentrennern, Scherentrennern, Greifertrennern, X-Trennern usw. steht jeder Trenner auf einer eigenen Rohrstütze.

Die Anordnung der Leistungsschalter auf dem Gelände einer Freiluftschaltanlage wird weitgehend durch die Höhe der Fundamente und die Transportwege bestimmt. Diese Fragen üben einen Einfluß auf die für den Leistungsschalterblock benötigte Grundfläche aus und hängen eng mit der Anlagenbauform zusammen. Im allgemeinen werden die Leistungsschalter auf Betonfundamenten mit einer Höhe von 1 bis 1,5 m aufgestellt. Durch diese Maßnahme wird die VDE-Bestimmung 0101/9.62 erfüllt, in der es in § 19, Abschnitt 2,3 heißt, daß die obere Kante eines geerdeten Isolatorsockels eine Höhe von mindestens 2300 mm über dem Erdboden haben muß, wenn keine Schutzvorrichtung vorhanden ist.

Da die unterhalb der Isolatoren angeordneten geerdeten Teile der Leistungsschalter, wie beispielsweise Druckluftkessel usw. eine gewisse Höhe beanspruchen, reicht in vielen Fällen die angegebene Fundamenthöhe von 1 bis 1,5 m aus, um ohne Schutzgitter auszukommen. Daher wird auch keine zusätzliche Grundfläche für Sicherheitsabstände benötigt. Ein weiterer Vorteil dieser Fundamenthöhe ist, daß sich die Leistungsschalter und auch die Wandler von ihren Fundamenten aus gut auf normale Transportfahrzeuge verschieben lassen.

Mit Rücksicht auf die wachsenden Kurzschlußleistungen der Netze ist es zweckmäßig, auf den Fundamenten Raum für eine Vergrößerung der Schalter vorzusehen.

Französische Ingenieure haben die Fragen der Leistungsschalterfundamente auf eine andere Weise behandelt. Seit einigen Jahren werden die Leistungsschalter in manchen französischen Schaltanlagen nicht mehr auf Fundamente gestellt, sondern an Portalen aufgehängt (Bild 37) [24].

Besondere Beachtung verdient das Transportproblem der Leistungsschalter, auf das hier kurz eingegangen werden soll: Stehen die Schalter auf hohen Fundamenten, so senkt

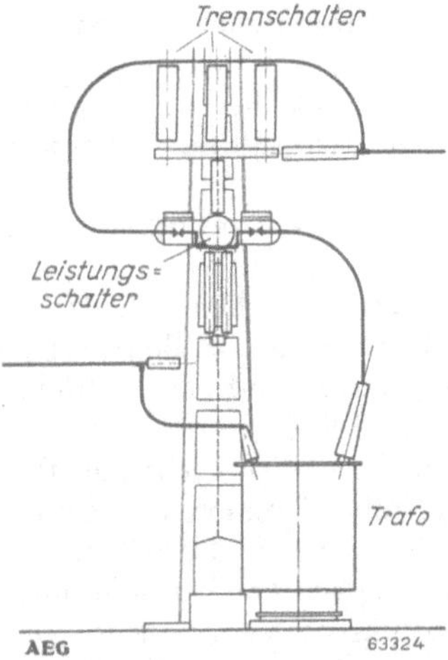

Bild 37. Französischer 150 kV-Druckgasschalter in hängender Form

man sie zum Transport auf den Erdboden. Meistens können die Schalter dann ohne Demontage ihrer Schalterköpfe auf ihren eigenen Fahrrollen unter den spannungführenden Leitungen anderer Hochspannungsabzweige hindurch transportiert werden. Werden beispielsweise für 220 kV und 380 kV die Fundamente dagegen niedrig ausgebildet, dann werden die Leistungsschalter auf Transportwagen verladen, die u. U. auch zum Drehen benutzt werden. Auf diese Weise können die Transportwege schmal gehalten werden. Die früher üblichen Fahrschienen im Transportweg werden heute aus wirtschaftlichen Gründen in vielen Fällen nicht mehr angewendet.

Zwischen den Schienen wurde oftmals der Kabelkanal *K* untergebracht (Bild 5). Von der Vielzahl der Fragen, die bei der Anordnung der Transportwege für Leistungsschalter zu beachten sind, soll hier nur auf die wichtigsten hingewiesen werden:

1. Kann der Leistungsschalter vor dem Fundament in Transportrichtung gedreht werden, ohne dabei in den Bereich spannungsführender Leitungen (z. B. Sammelschienen) zu kommen?
2. Muß der Leistungsschalterkopf für den Transport unter anderen Feldern hinweg mit Rücksicht auf die Höhe

unter Spannung stehender Verbindungsleitungen demontiert werden?

3. Falls der Leistungsschalter mit den Wandlern auf einem Fundament steht, auf welcher Seite soll der Transportweg liegen?
4. Kann der Transportweg zwischen Leistungsschalter und Wandlern liegen?

Neben der Verminderung der erforderlichen Grundfläche bieten die hohen Fundamente Vorteile für das Bedienungspersonal. Der Schaltwärter kann während des Betriebes ohne Gefahr bis unmittelbar unter die Antriebe, Meldeschalter usw. treten und sich auf diese Weise sehr gut über den Zustand und die einwandfreie Funktion der Geräte informieren. Aus diesen Gründen hat sich die behandelte Bauform bewährt. Über diese Fragen bestehen allerdings bei den verschiedenen Betriebsführern verschiedene Auffassungen, so daß man in der Praxis mehrere Methoden der Ausbildung der Fundamente antrifft. Für Hochspannungsgeräte mit besonders hohen Geräteabmessungen, z. B. für 380 kV und mehr, geht man auch heute wieder aus Transportgründen auf sehr niedrige Fundamente bzw. auf Schwellen-Fundamente über.

7 Hochspannungs-Innen-Schaltanlagen

7.1 Einfluß der Gerätegröße und der Methoden der elektrischen Isolierung auf die Gebäudeabmessungen

Bei der Schilderung der historischen Entwicklung der Höchstspannungsanlagen wurde an Hand des Bildes 1 bereits gesagt, daß die ersten deutschen Höchstspannungsanlagen für Innenanordnung gebaut wurden und deren Abmessungen außerordentlich groß waren (Raumbedarf etwa 2500 m^3 je Hochspannungsabzweig im Falle von Doppelsammelschienen). Im Laufe der Jahrzehnte konnten diese Raumabmessungen immer weiter vermindert werden und es bestehen berechtigte Hoffnungen, daß der Raumbedarf im Zuge der Weiterentwicklung auf etwa 150 m³ je Abzweig vermindert werden kann. Dem Bestreben, die Gebäudeabmessungen zu vermindern, kamen zunächst Fortschritte im Zusammenhang mit der Entwicklung der Hochspannungsgeräte selbst und deren raumsparenden Anordnung im Gebäude entgegen, wobei im allgemeinen blanke Stromleiter und blanke Geräteanschlüsse angewendet wurden.

Seit einigen Jahren werden in zunehmendem Maße Höchstspannungsinnenanlagen projektiert, deren Gebäudeabmessungen auf Grund der Verwendung von hochwertigen Isoliermitteln wesentlich kleiner als diejenigen der herkömmlichen Bauweise und Isolierungsmethoden sind.

7.11 Über die Bauformen von Schaltgeräten und deren Anordnung im Gebäude

Z. Z. der Anwendung der Ölschalter (Bild 38) mußte auf die Auswirkung von Ölbränden und Ölgasexplosionen besonders Rücksicht genommen werden. Die Ölschalter wurden im unteren Stockwerk im Räumen mit schweren Gebäudezwischenwänden so angeordnet, daß im Falle einer Ölschalterexplosion die Druckwelle durch Türöffnungen aus dem Gebäude herausgelangen konnte und daß im Falle von Ölbränden innerhalb einer Ölschalterkammer die benachbarten Hochspannungsräume völlig verschont blieben. Die Sammelschienen mit ihren Trennern sowie die Freileitungs- bzw. Kabeltrenner wurden in einem zweiten Stockwerk angeordnet. Im allgemeinen wurden die Sammelschienen von Hartpapierstützern getragen. Zwischen den Trennschalterzellen wurden etwa 6 cm starke lichtbogensichere Trennwände vorgesehen, obwohl sich sehr bald zeigte, daß die im Mittelspannungs-Schaltanlagenbau außerordentlich gefürchtete Lichtbogenwanderung über große Sammelschienenstrecken hinweg als Folge von Trenneröffnungen unter Last bei Höchstspannungsanlagen praktisch bedeutungslos ist. Die elektrischen Leitungen zu den Leistungsschalterräumen verlaufen durch kondensatorgesteuerte Hartpapier-Durchführungen, die insbesondere anfänglich mit Öl gefüllt waren. Die Durchführungen zwischen den Leistungsschalterräumen und den Freileitungs- bzw. Kabeltrennern enthielten in vielen Fällen öllose Einleiter- oder Mehrleiter-Schleifenstromwandler.

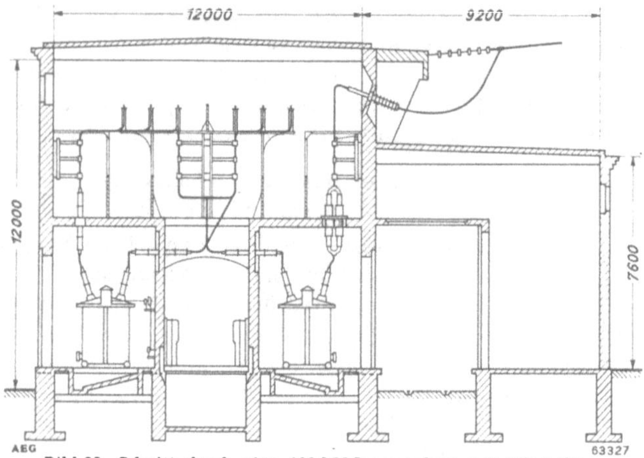

Bild 38. Schnitt durch eine 100 kV-Innenanlage mit Ölschaltern

Bedingt durch die großen Abmessungen der Leistungsschalterräume stand im Sammelschienengeschoß sehr viel Platz für die Unterbringung der Sammelschienentrenner zur Verfügung. Bei zweireihiger Anordnung der Leistungsschalterräume wurden die gegenüberliegenden Leistungsschalterfelder um eine halbe Felderteilung versetzt. Durch diese Maßnahme konnten im Sammelschienengeschoß die Sammelschienentrenner von zwei versetzt gegenüberliegenden Leistungsschalter-Feldern in einer Reihe nebeneinander angeordnet werden, eine Bauweise, die auch heute noch häufig angewendet wird, weil verschiedene Trennerbauformen etwa nur die Hälfte der Breite eines Leistungsschalterraumes benötigen (Bild 39).

Durch die Weiterentwicklung der Leistungsschalter und besonders durch den Übergang auf ölarme Schalter und Druckgasschalter wurden trotz der geforderten steigenden Ausschaltleistungen die Schalterabmessungen verkleinert. Mit dieser Verringerung der Abmessungen ging eine Reduzierung des Gewichtes einher. Diese Maßnahmen, an der Spitze die Verbannung gefährlicher Ölmengen aus der Schaltanlage, eröffneten völlig neue Möglichkeiten für die bauliche Gestaltung. Die schweren Zwischenwände und -decken verschwanden und mit ihnen die vielen Durchführungen, so daß leichtere und wirtschaftlichere Hallenbauweisen, in denen die Schaltanlage nahezu frei im Raum steht, entstanden. Eine solche moderne Hallenbauform mit versetzten Feldern geht aus Bild 40 hervor.

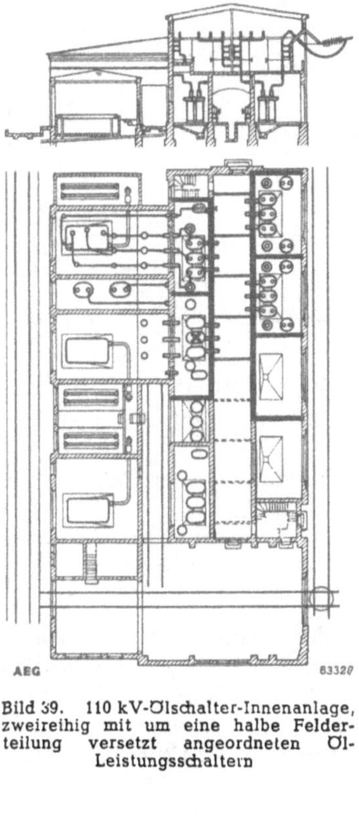

Bild 39. 110 kV-Ölschalter-Innenanlage, zweireihig mit um eine halbe Felderteilung versetzt angeordneten Öl-Leistungsschaltern

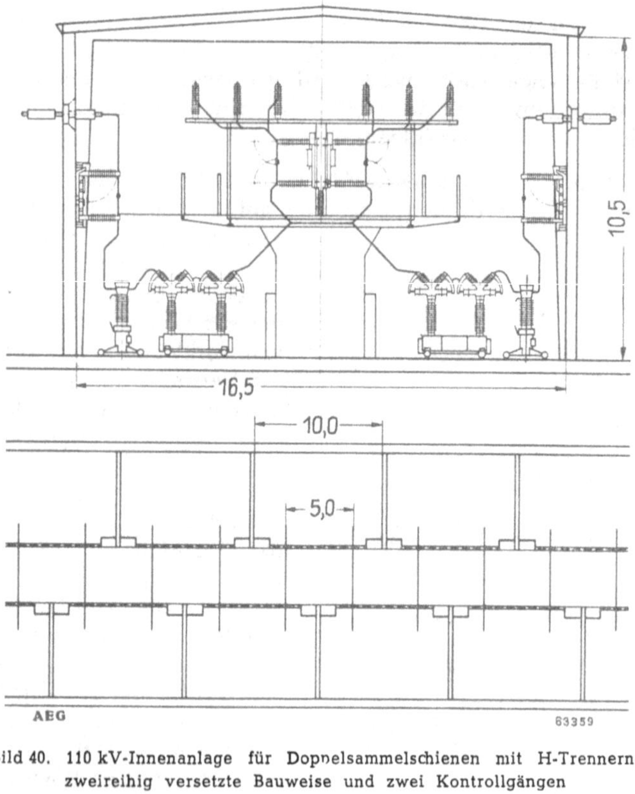

Bild 40. 110 kV-Innenanlage für Doppelsammelschienen mit H-Trennern, zweireihig versetzte Bauweise und zwei Kontrollgängen

Bei dieser Anordnung der Sammelschienentrenner „Rücken an Rücken" sind zwei außen liegende Kontrollgänge im Trennergeschoß erforderlich. Die Sammelschienen und Abgangstrenner sind gleich gut zu beobachten, jedoch sind alle Trennerantriebe nur nach Abschaltung der Zelle zugänglich, wenn nicht umfangreiche Gestängeantriebe angewendet werden. Die Sammelschienen- und Sammelschienentrennergerüste werden von den Zwischenwänden der Leistungsschalterzellen getragen.

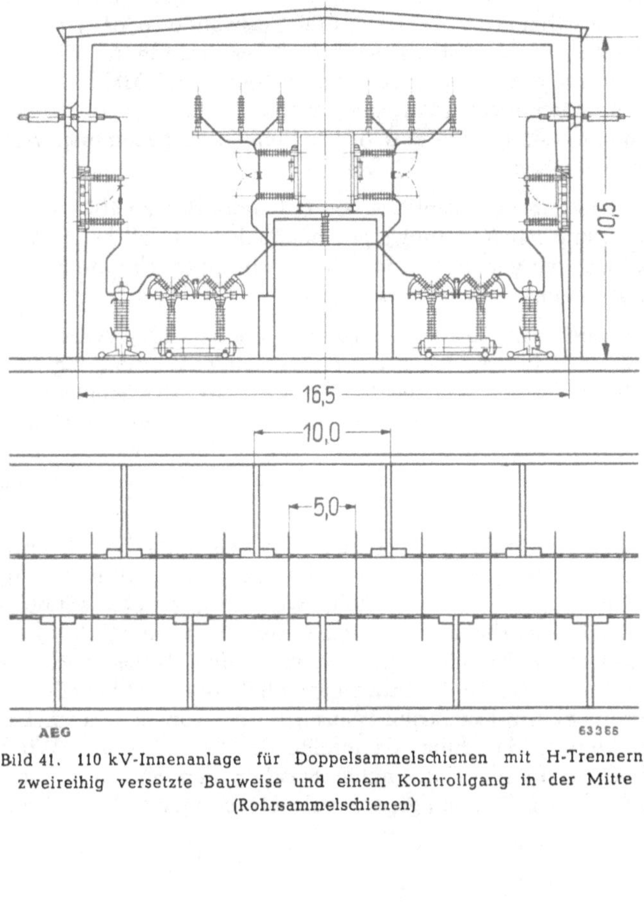

Bild 41. 110 kV-Innenanlage für Doppelsammelschienen mit H-Trennern, zweireihig versetzte Bauweise und einem Kontrollgang in der Mitte (Rohrsammelschienen)

Bei einer anderen Anordnung, die die gleichen Gebäudeabmessungen ergibt, ist nur ein Kontrollgang in der Mitte zwischen den Sammelschienentrennern vorhanden (Bild 41). Die Trenner und die Sammelschienen ruhen auf einer freistehenden Stahlkonstruktion. Massive Zellentrennwände sind also nicht erforderlich, sondern es genügen im Leistungsschalterraum Drahtgitter-Glaswände oder einfache Geländer. Vorteilhaft ist bei dieser Anordnung die unmittelbare Zugänglichkeit der Antriebe und Meldeschalter der Sammelschienentrenner, wodurch jederzeit Kontrollen möglich sind, ohne daß Abschaltungen vorgenommen werden müssen.

Die Betriebsingenieure beurteilen die zweckmäßigste Anordnung der Kontrollgänge verschieden, so daß beide Ausführungen gebaut werden, die sich beide durch gute Raumausnutzung auszeichnen.

Eine weitere Vereinfachung ergibt sich, wenn die Sammelschienen nicht als Rohre unter Verwendung von Stützisolatoren von der Stahlkonstruktion der Schaltanlage getragen oder an der Decke des Gebäudes aufgehängt werden, sondern als Seil unter Verwendung von Isolatorenketten an den Gebäudewänden abgespannt werden (Bild 42).

Der im Falle von Seilsammelschienen zu berücksichtigende Seildurchhang führt allerdings in vielen Fällen zu einer vergrößerten Raumhöhe, wenn nicht an Deckenunterzügen Zwischenaufhängungen der Seile möglich sind. Außerdem ist im Falle extrem großer Netzkurzschlußleistungen das in den Abschnitten 3.21 und 3.22 behandelte Problem der Kurzschlußbeanspruchung von Seilleitern besonders zu beachten, da infolge des Fortfalles von Wind und Sturm die Entfernung zwischen den Seilleitern verschiedenen Spannungspotentials oft geringer als in Frei-

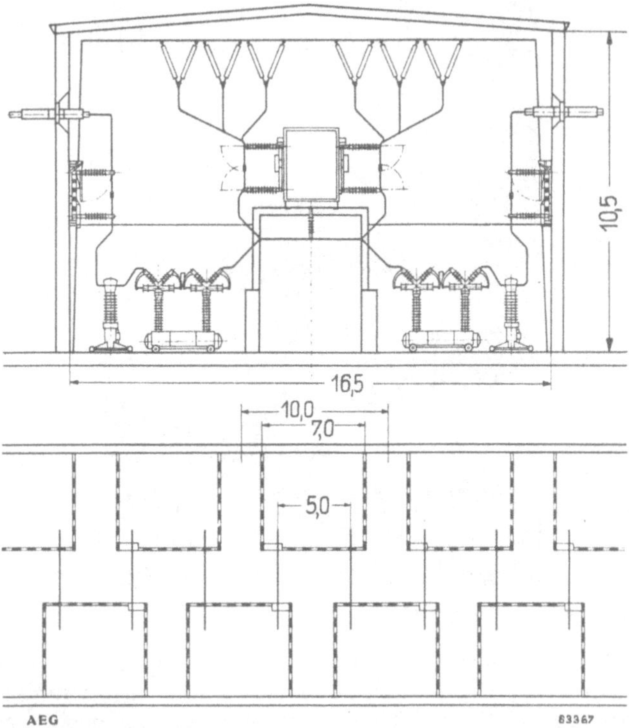

Bild 42. 110 kV-Innenschaltanlage für Doppelsammelschienen mit H-Trennern, versetzte Bauweise und einem Kontrollgang in der Mitte (Seilsammelschienen)

luft-Schaltungen gewählt wird. Die aus dem Querschnitt hervorgehende V-förmige Aufhängung der Seilleiter braucht nicht in jeder Felderteilung vorgesehen zu werden.

Bild 43 zeigt die Innenansicht einer nach diesem Prinzip gebauten 110-kV-Schaltanlage, die sehr klar und übersichtlich ist.

Bild 43. 110 kV-Innenschaltanlage „Elektromark" UW Altena

Bedingt durch die Trennerabmessungen ist bei der versetzten Bauweise eine Felderteilung von ca. 10 m erforderlich. Im Laufe der Zeit sind die Abmessungen moderner Leistungsschalter so gering geworden, daß nur noch eine Felderteilung von 7,0 m benötigt wird, wobei die Wandlerabmessungen häufig von größerem Einfluß auf die Feldbreite sind als die Leistungsschalterabmessungen.

Entweder kann man den überschüssigen Raum zur Anwendung von Kontrollgängen um die Leistungsschalter herum ausnutzen (Bilder 42 und 43), oder es wird eine Anordnung gewählt, bei der für jedes Leistungsschalterfeld und auch für das dazugehörige Trennerfeld eine Breite von nur z. B. 6,5 m zur Verfügung gestellt wird, die mit Rücksicht auf die Leistungsschalter bzw. Wandler unbedingt erforderlich ist (Bild 44).

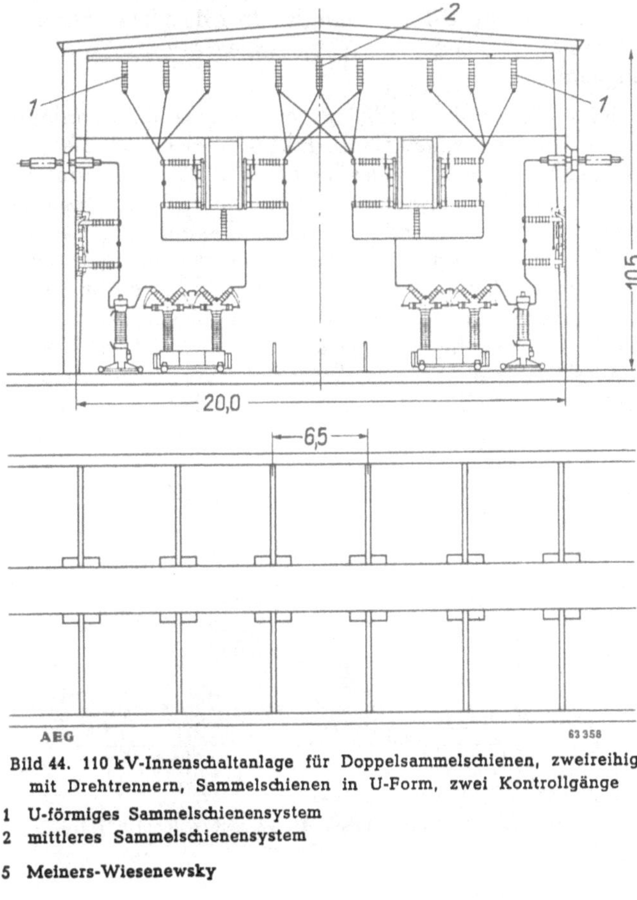

Bild 44. 110 kV-Innenschaltanlage für Doppelsammelschienen, zweireihig mit Drehtrennern, Sammelschienen in U-Form, zwei Kontrollgänge

1 U-förmiges Sammelschienensystem
2 mittleres Sammelschienensystem

Bei dieser zweireihigen Bauweise stehen sich die Leistungsschalter genau gegenüber. Um jeden Leistungsschalter an beide Sammelschienen anschließen zu können, muß eine der beiden Sammelschienen in U-Form angeordnet werden. Das im Bild 44 außen liegende Sammelschienensystem 1 ist also U-förmig um das über dem Transportgang in der Mitte liegende Sammelschienensystem 2 herum angeordnet.

Es sind zwei Kontrollgänge in der gleichen Anordnung wie bei der Anordnung nach Bild 41 vorhanden. Bei gleichen Gebäudeabmessungen steigt die Raumausnutzung um ca. 10 bis 15 % gegenüber der Anordnung mit versetzten Leistungsschaltern, weil nämlich bei den zuletzt genannten Bauformen am Anfang und am Ende der Gebäudeanlage überflüssige Räume entstehen. Dieser Raumersparnis stehen nur geringfügige höhere Materialkosten gegenüber. Auch die englischen Ingenieure haben in den letzten Jahren 132-kV-Schaltanlagen nach dieser Bauweise gebaut (Bild 45) [25]. Dieses Bild zeigt, daß auch die englischen Ingenieure,

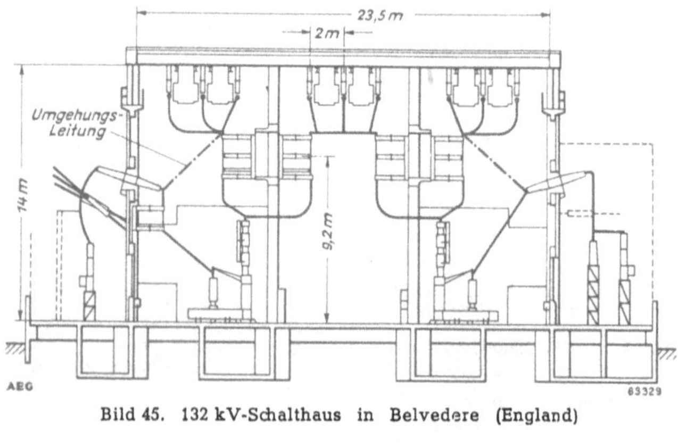

Bild 45. 132 kV-Schalthaus in Belvedere (England)

die lange an der Zellenbauweise festgehalten haben, neuerer Zeit die Hallenbauform einführen.

Sollen in Innenanlagen Einsäulentrenner eingebaut werden, wie das bei der Anordnung nach Bild 46 der Fall ist, dann bietet sich die zweigeschossige Bauweise als vorteilhafte Lösung an. Einschließlich der innenliegenden Kabelendverschlüsse ist eine solche Anlage 23 m breit. Die Gebäudehöhe ist mit 10,5 m ebenso groß wie bei den An-

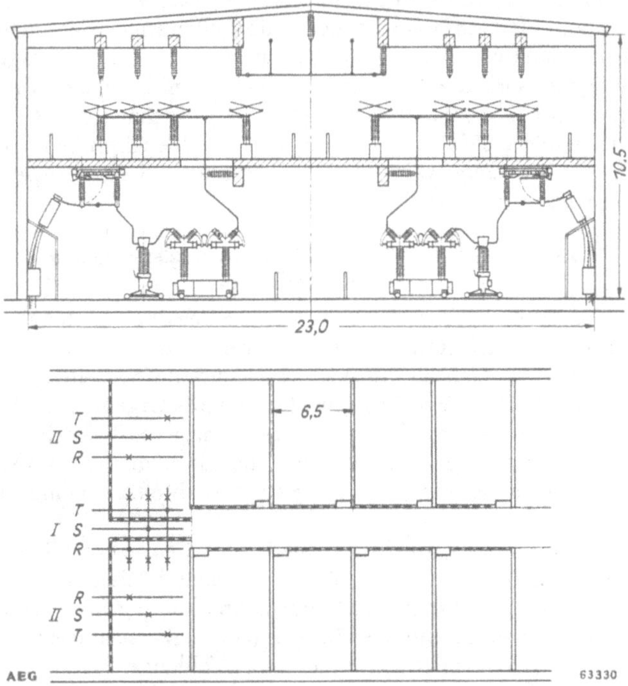

Bild 46. 110 kV-Innenanlage für Doppelsammelschienen, zweireihig mit Einsäulentrennern, Sammelschiene in U-Form, drei Kontrollgänge

ordnungen mit Zweisäulentrennern nach den Bildern 40 bis 44. Auch hier stehen sich die Leistungsschalter genau gegenüber und die äußere Sammelschiene ist in U-Form angeordnet. Besondere konstruktive Maßnahmen für die Sammelschienentrenner-Kontrollgänge sind nicht erforderlich. Für sie steht genügend Platz auf der Zwischendecke zur Verfügung. Die Sammelschienen können als Rohrsammelschienen ausgeführt werden, auf denen beim außen liegenden, U-förmigen Sammelschienensystem II die Gegenkontakte der Einsäulentrenner unmittelbar angeordnet sind. Beim Sammelschienensystem I, in der Mitte der Anlage, befinden sich die Gegenkontakte an den in jedem Feld quer zur Sammelschienenlängsachse aufgehängten Rohrleitern, die gleichzeitig auch die Sammelschienenphasenleiter *R* und *T* tragen, während der Phasenleiter *S* durch besondere Isolatoren gehalten wird.

7.12 Einfluß des Klimas auf die Gebäudearchitektur und die Isolatoren

Die durch Fortfall des Öles aus der Schaltanlage möglich gewordenen leichteren Bauformen verlockten dazu, die Gebäudewandungen mit großen Fenstern zu versehen, um möglichst viel Tageslicht in den Schaltanlagenraum eindringen zu lassen. Später zeigte es sich, daß durch das Vorhandensein dieser großen Fenster die klimatischen Verhältnisse innerhalb des Gebäudes nachteilig beeinflußt werden.

Durch die nie ganz dicht schließenden Fenster und Türen gelangten gerade in den Gebieten, in denen die Innenanlagen Schutz vor Verschmutzung bieten sollten, immer noch große Staubmengen in die Gebäude hinein, die sich natürlich auch auf den Isolatoren absetzten. Fehlende Wind- und Regeneinflüsse verhinderten die Selbstreinigung der Isolatoren, so daß in den anfänglich nicht klimatisierten Hallen als Folge der durch die großen Fensterflächen hervorgerufenen starken Temperaturschwankungen erheblichen Feuchtigkeitsniederschläge auf den Isolatorenoberflächen hinzu kamen. Diese Vorgänge führten zur Verminderung der Isolationsfestigkeit der Anlage. In dicht besiedelten Gebieten kam noch der störende Einfluß der Schaltgeräusche hinzu. In vielen Fällen wird daher in neuerer Zeit die fensterlose Hallenbauform bevorzugt, wie dies aus dem Bild einer holländischen Anlage hervorgeht (Bild 47) [26].

Bild 47. Fensterlose 150 kV-Innenschaltanlage in Holland

Um in stark verschmutzten Gebieten das Eindringen von Staub in die Schaltanlagenräume zu verhindern, wird der Innenraum vielfach unter einem leichten Überdruck gehalten und temperiert. Diese Maßnahme wird besonders dann wirtschaftlich, wenn die Verlustwärme der Transformatoren zur Klimatisierung der Schaltanlagenräume ausgenutzt wird.

In größerem Umfang wurde in früheren Jahren Hartpapier als Isoliermaterial für Innenanlagen benutzt, das durch seine glattpolierte, schirmlose Oberfläche wenig anfällig gegen Schmutzablagerungen war. So haben sich Hartpapierstützisolatoren von nur 800 mm Höhe für 100 kV lange Jahre verhältnismäßig gut bewährt. Ein betrieblicher Vorteil bestand darin, daß ein durch einen Lichtbogenüberschlag beschädigter bzw. verrußter Stützer durch einfaches Polieren an Ort und Stelle wieder betriebsfähig gemacht werden konnte. Später wurden diese Hartpapier-Isolatoren durch Porzellan-Vollkernisolatoren mit einer geringen Zahl kleiner Schirme (Bild 2) verdrängt.

In neuerer Zeit treten an die Stelle der Porzellanisolatoren verschiedentlich auch schon Gießharzisolatoren, die sich im Lichtbogen besser verhalten als Porzellan- oder Hartpapier-Isolatoren.

7.2 Bauliche Maßnahmen zur besseren Ausnutzung des umbauten Raumes bzw. zur Verminderung der Baukosten

Von den vielen Möglichkeiten zur optimalen Raumausnutzung sollen hier nur zwei Beispiele angeführt werden. In jedem Schalthaus, das auch Transformatoren aufnehmen muß, sind besondere Entlüftungskamine für die einzelnen Transformatorzellen erforderlich, die recht erhebliche Querschnitte aufweisen. Die senkrechte Führung dieser Kamine, die aus architektonischen Gründen im allgemeinen innerhalb der Gebäudefassade liegen, bedingt oft viele Ecken im Gebäude, durch die schmale, aber meist verhältnismäßig lange Räume entstehen, die sich nur schlecht ausnutzen lassen. Im Bild 48 ist eine 60-kV-Schaltanlage dargestellt, bei der diese toten Räume zur Hochführung der Freileitungsanschlüsse ausgenutzt werden. Durch diese Anordnung wird der Kaminaufbau gleichzeitig zum Freileitungsturm.

Die großen Fortschritte in der Stahlbetonbauweise bieten für die Zukunft neue Möglichkeiten für kostensparende Gebäudekonstruktionen, so beispielsweise durch Anwen-

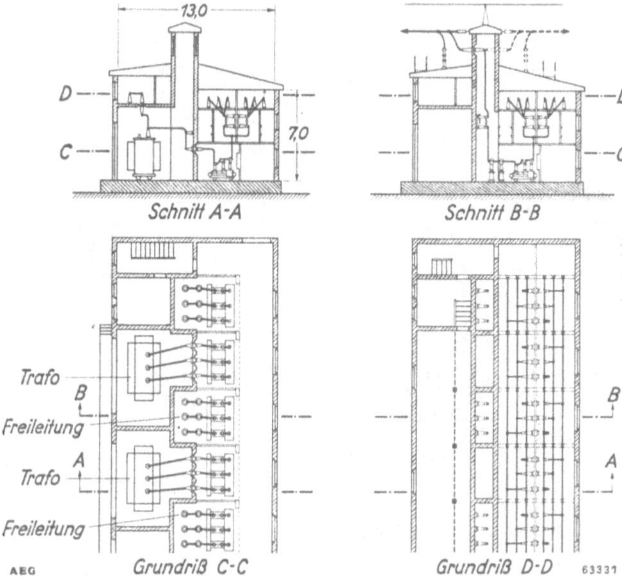

Bild 48. 60 kV-Innenschaltanlage mit Freileitungsturm

dung der Gewölbebauform (Bild 49). Der besondere Vorteil dieser Bauform liegt darin, daß alle Betonteile nur auf Druck, nicht aber auf Biegung beansprucht werden. Diese Bauart wurde bereits verschiedentlich für Kirchen und andere öffentliche Gebäude angewendet. Weiterhin bietet die Gewölbebauform besonders wirtschaftliche Vorteile, wenn ein Umspannwerk ganz oder teilweise unterirdisch errichtet werden soll. Welch umfangreiche Schaltanlagen in solchen Gewölben untergebracht werden können, geht aus Bild 49 hervor.

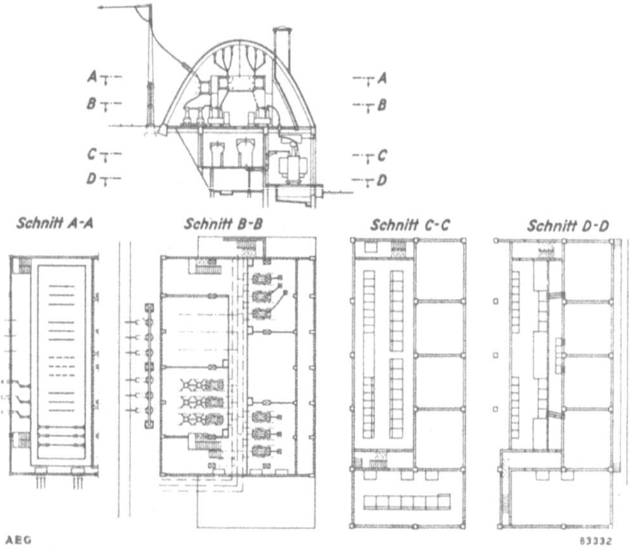

Bild 49. 110 kV-Umspannwerk in Gewölbe-Bauform

7.3 Bestrebungen zur weitgehenden Verminderung der Gebäudeabmessungen durch Anwendung von hochwertigen Isolierungen für Leitungen, Sammelschienen und Geräte

Will man im Schaltanlagenbau zur Erzielung der notwendigen Spannungsfestigkeit der Leitungen und Geräte andere Isolationsstoffe als Luft unter Atmosphärendruck benutzen, dann besteht der naheliegendste Weg darin, nur die Sammelschienen und Teile der Verbindungsleitungen unter Verwendung zusätzlicher Isolierstoffe zu isolieren, während die Geräte und ihre Anschlüsse in der im bisherigen „offenen" Schaltanlagenbau üblichen Weise blank ausgebildet sind mit dem Vorteil, daß herkömmliche Schaltgeräte und Wandler verwendet werden können.

Die weitergehende Lösung, die allerdings auch eine wesentlich größere Raumersparnis ermöglicht, besteht in der Ausbildung sämtlicher Geräte, Leitungen und Sammelschienen als gekapselte Anlageteile.

Wenn nur die Sammelschienen und Leitungen isoliert ausgebildet werden, wird eine Raumverminderung um etwa 15 % erzielt. In den meisten Fällen sind die durch diese Raumverminderung ermöglichten Einsparungen geringer als die Kosten für den zusätzlichen Isolationsaufwand.

Wenn man dazu übergeht, außer den Sammelschienen auch die Trenner der Anlage isoliert und gekapselt auszubilden, entsteht bei der 110-kV-Innenanlage eine Raumverminderung um etwa 50 %, bei der 220-kV-Anlage eine Verminderung um 70 bis 75 %. In beiden Fällen ist mit Leistungsschaltern der „offenen" Bauform gerechnet.

Sehr wahrscheinlich führt die zukünftige Entwicklung zur Kapselung auch der Leistungsschalter, wodurch bei 110 kV eine Verminderung des heutigen Raumbedarfs von etwa 700 m³ für einen Hochspannungsabzweig mit Doppelsammelschienen auf den bereits im Abschnitt 7.1 angegebenen Wert von 150 m³ ermöglicht wird.

7.31 Isolierte Sammelschienen als Mittel zur Verminderung der Gebäudeabmessungen

Die Entwicklung der Kabel für höchste Betriebsspannungen ließ schon im Jahre 1930 den Gedanken aufkommen, an Stelle der blanken Sammelschienen von Freiluftschaltanlagen Kabel zu verwenden (Bild 50). Im Gegensatz zu den blanken Sammelschienen, an denen die Verbindungsleitungen zu den Sammelschienentrennern mit einfachen blanken T-Abzweigen hergestellt wurden, mußten bei den als Einleiterkabel ausgeführten Sammelschienen an jedem Sammelschienen-Trenneranschluß zwei Kabelendverschlüsse vorgesehen werden. Bei der Anordnung nach Bild 50 fallen diese Kabelendverschlüsse nicht besonders auf, weil sie einschließlich der Trenneranschlüsse in Ölkesseln untergebracht sind. Wendet man diese Form bei Innenanlagen an, dann wirkt sich die große Zahl von Kabelendverschlüssen unangenehm aus, insbesondere, wenn es sich um Öl-

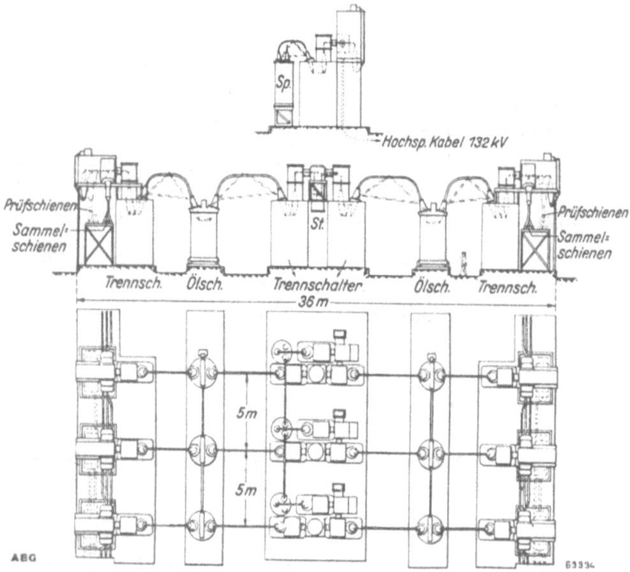

Bild 50. Gekapselte Freiluft-Schaltanlage für 132 kV (USA)

kabel handelt. Außerdem stellten die Kabelendverschlüsse lange Zeit hindurch elektrisch schwache Stellen in der Schaltanlage dar, so daß diese Art der Isolationsanwendung auf dem Gebiet der Innenanlagen in Deutschland nicht zur Ausführung kam.

Im Zusammenhang mit der Entwicklung sogenannter teilisolierter Leitungen wurde bereits im Jahre 1944 eine Anordnung vorgeschlagen, bei der trockenisolierte Sammelschienen in Form von Girlanden vorgesehen und unter Verwendung verkümmerter Endabschlüsse an die blanken Trennerköpfe herangeführt wurden (Bild 51).

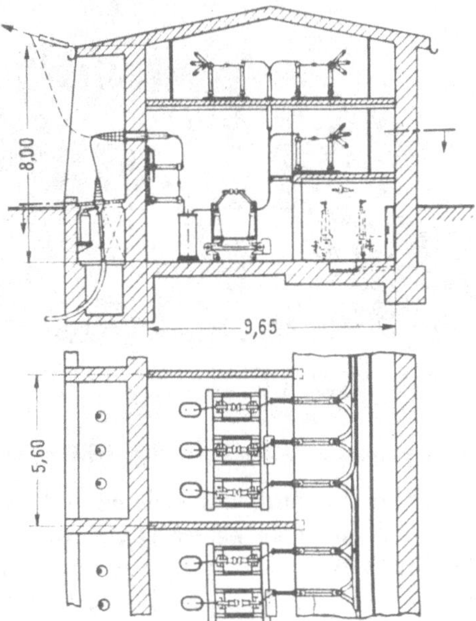

Bild 51. 110 kV-Schaltanlage mit Teilisolierung, Dreifach-Sammelschi und Kabelanschluß. AEG-Entwurf aus dem Jahr 1944

Die stürmische Entwicklung auf dem Gebiet der Kunststoffe, insbesondere der verschiedenen Arten von Kunstharzen, hat in neuerer Zeit zu interessanten Lösungen des Problems geführt, eine Sammelschiene einschließlich der kondensatorgesteuerten Endabschlüsse trocken, öllos und mit einem geerdeten Metallmantel versehen in einem Stück herzustellen und an die Montagestelle zu liefern (Bild 52) [27].

Bild 52. Isolierte Sammelschiene für 125 kV und 1250 A montiert auf fahrbarem Transportgestell

7.32 Gekapselte Höchstspannungs-Schaltanlagen

Auf Grund der Kenntnis des höheren Isoliervermögens von Gasen, z. B. Luft unter hohem Druck, wurde schon im Jahre 1933 durch von Schaubert eine druckluft-isolierte 110-kV-Anlage nach Bild 53 vorgeschlagen, die außerordentlich kleine Raummaße aufweist. Amerikanische Ingenieure haben eine bedeutend einfachere gekapselte 138-kV-Anlage

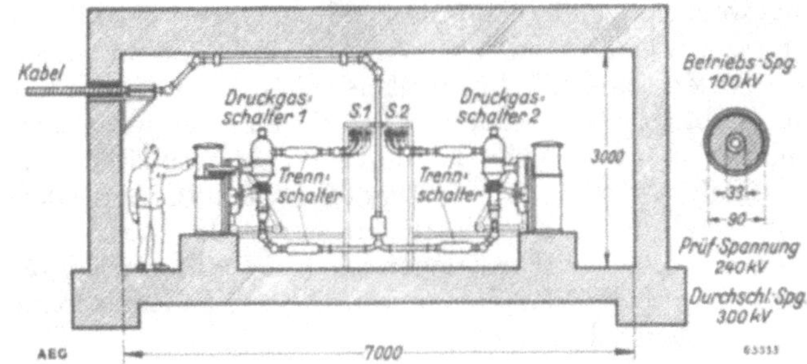

Bild 53. Gekapselte 100 kV-Schaltanlage mit Preßgasisolation (nach v. Schaubert)

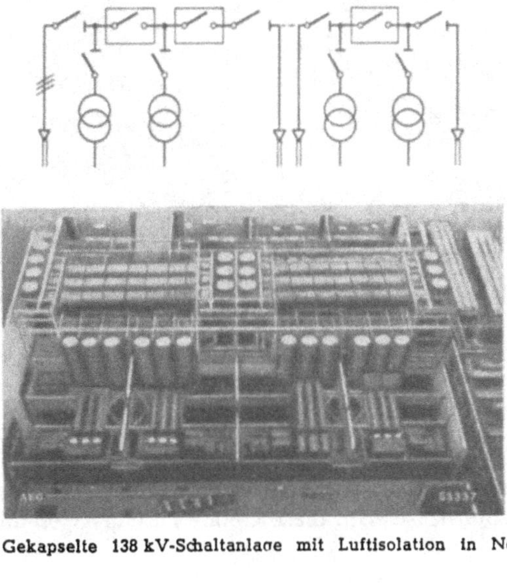

Bild 54. Gekapselte 138 kV-Schaltanlage mit Luftisolation in New York

in New York gebaut, bei der Luft unter Atmosphärendruck angewendet wurde (Bild 54) [28]. Zwar sind die Abmessungen bedeutend kleiner als bei einer Freiluftanlage oder einer „offenen" Innenanlage, aber die Raumverminderung bleibt weit zurück im Vergleich zu einer gekapselten Anlage, bei der an Stelle der Luft unter Atmosphärendruck, Druckluft, Öl oder feste Isolierstoffe wie PVC und Gießharze und deren Kombinationen treten. Im Zusammenhang mit diesen Entwicklungen wird in Deutschland größter Wert auf die Vermeidung von Öl oder anderen brennbaren Isolierstoffen gelegt.

Nach einem Vorschlag von Imhof wäre eine außerordentlich weitgehende Raumverminderung durch Einbettung der Geräte und Leitungen in Gießharz zu erzielen (Bild 55).

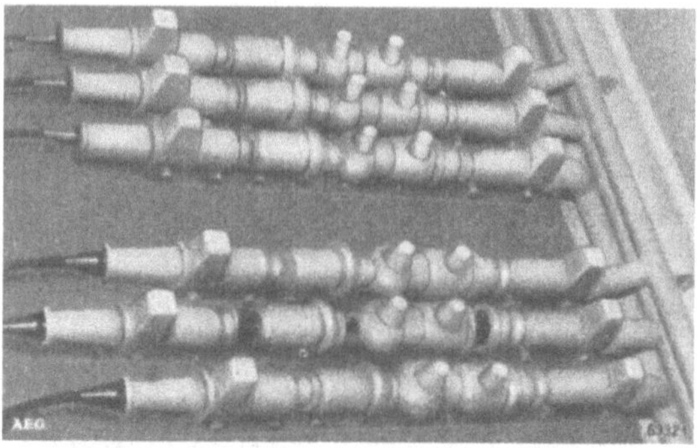

Bild 55. Modell ei gekapselten 110 kV-Anlage mit Gießharzisolation (nach Prof. Imhof)

Aus der Querschnittszeichnung (Bild 56) geht hervor, daß jedes der einzelnen Schaltanlagengeräte wie Trenner, Wandler, Leistungsschalter usw. in einem eigenen Metallgehäuse untergebracht ist. Um diese Geräte zu einer Gesamtanlage

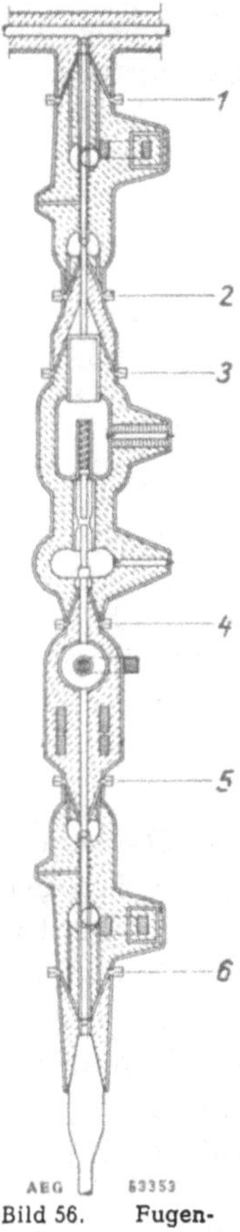

Bild 56. Fugenanlage mit Gießharzeinbettung

(Entwurf Prof. Imhof)

zusammenbauen zu können, sind ihre Enden konusartig ausgebildet, so daß sie steckerartig aneinandergefügt werden können. An den Berührungsstellen entstehen „Fugen", die nach Imhof zweckmäßig so gestaltet werden, daß längs der gesamten Fuge eine konstante Tangentialfeldstärke entsteht. Im Vergleich mit den bisher im Schaltanlagenbau üblichen Gerätedurchführungen haben derartige Fugenverbindungen eine nur sehr geringe Längenausdehnung (Bild 57) [29]. Bezüglich der möglichen Raumverminderung stellt diese „vollisolierte" Bauform die vollkommenste Lösung dar.

Bei anderen Entwicklungswegen wird die im Abschnitt 3.2511 erläuterte Teilisolierung innerhalb der Kapselung angewendet. Auch auf diese Weise können erhebliche Raumersparnisse erzielt werden, wie aus dem Vergleich einer Freiluftanordnung mit einer gekapselten, teilisolierten Bauform gemäß Bild 58 hervorgeht.

Wenn es gelingt, nach einer der erläuterten Methoden gekapselte öllose Höchstspannungs-Schaltanlagen mit extrem kleinen Abmessungen zu bauen, entsteht ein neuartiges Problem.

Mit Rücksicht auf die geringen Felderteilungen der Schaltanlage stößt nämlich der Anschluß einer großen Zahl von Freileitungen infolge der großen Leiterabstände auf erhebliche Schwierigkeiten.

Die naheliegendste Lösung besteht im Übergang der Freileitungen auf Kabelleitungen, aber die entstehende Komplikation und Verteuerung wird vielerorts abgelehnt.

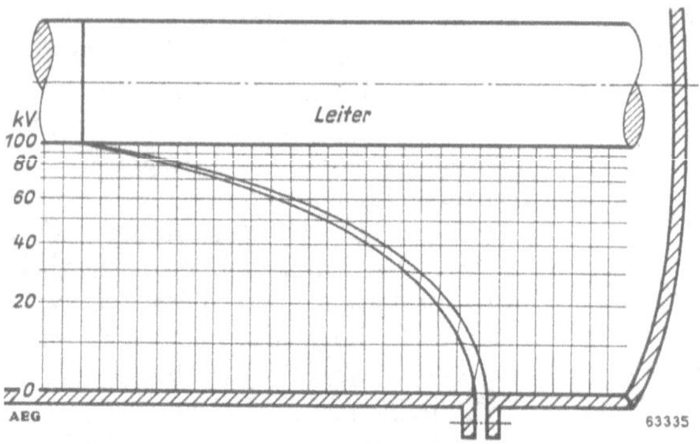

Bild 57. Feldbild einer Fugenkupplung (nach Prof. Imhof)

Aus Bild 58 geht folgender Vorschlag hervor: Die Durchführungen zur Herstellung der Verbindung zwischen der gekapselten Anlage und den Freileitungsseilen werden nicht, wie allgemein üblich, in einer mit der Gebäudefront parallel liegenden Ebene angeordnet, sondern sie liegen in einer dazu senkrechten Ebene hintereinander. Unmittelbar vor dem Gebäude ist ein Abspannportal mit drei Quertraversen aufgestellt, an dem die drei Phasenleiter in einer Ebene übereinander abgespannt sind.

Anschließend an das erwähnte Abspannportal kann im Zuge der Freileitung jede beliebige Mastbauform angewendet werden.

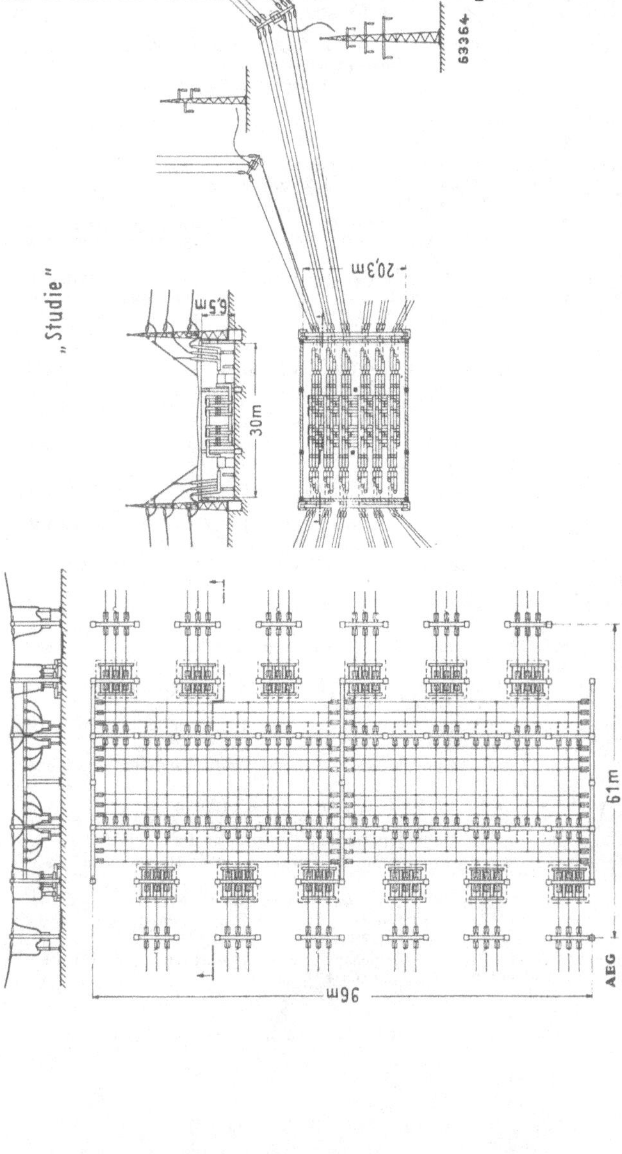

Bild 58. Vergleich einer offenen 110 kV-Freiluftschaltanlage mit einer entsprechenden gekapselten Innenanlage und deren Freileitungsanschlüsse

Literatur

Die im Text mit [ ] angegebenen Ziffern beziehen sich auf di Literaturverzeichnis.

[1] Probst, H.: Hochspannungsgeräte und Schaltanlagen. Verlag G. Braun, Karlsruhe 1953.

[2] Fleck, B.: Hochspannungs- und Niederspannungs-Schaltanlagen. 4. Auflage. Verlag W. Girardet, Essen 1958.

[3] Gaulet, G. u. J. Sallard.: An accout of some of the present tendencies in the equipment of the switching stations in the french grid. CIGRE-Bericht Nr. 143 (1954).

[4] Cabanes, L., L. Alran, J. Esparbet u. J. Sallard: Les postes a 380 kilovolts de la ligne Génissiat — Le Plessis-Gassot. Rev. gén. Elektr. 68 (1959) H. 1.

[5] Terhorst, H. u. K. H. Wiesenewsky: Untersuchung des Geländebedarfs und des Kostenaufwandes für verschiedene Bauformen von 220 kV-Freiluft-Schaltanlagen unter besonderer Berücksichtigung der Bauformen mit gemischten Phasen. AEG-Mitteilungen 51 (1961) H. 9/10.

[6] Sallard, J., M. Rey u. P. Moulin: Application de la disposition à phases mixtes aux postes du réseau de transport d'Electricité de France. Le poste de Mions (près de Lyon) premier ouvrage de ce type. Rev. gén. Elektr. 65 (1956) H. 8.

[7] Dvoskin, L. J.: New designs of outdoor 110, 220 and 400 kV substations in the U.S.S.R. CIGRE-Bericht (1958).

[8] Schulteiss, F.: Entwicklungstendenzen im Hochspannungsschaltanlagenbau. Dt. Elektrotechn. 12 (1958) H. 12.

[9] Jakub, Ju. A.: Wege zur Vereinfachung und Verbilligung der 500 kV-Abspannwerke. Elektritscheskije stanzii (1960) H. 12.

[10] Dietlin, J.: Poste de couplage a 220 kV de Chamoson. Bull. SEV 51 (1960) H. 15.

[11] L'Electro Porcelaine. Electra Nr. 36 (1959) S. 3.

[12] Albetti, P. A., A. H. Powell, R. E. Larson u. M. D. Robinson: Projekt EHV 650 kV Substations. Power Apparatus and System 80 (1962) H. 55.

[13] Frühauf, G.: Überspannungen und Überspannungsschutz. Sammlung Göschen Band 1132, Neudruck 1950.

[14] Rüdenberg, R.: Elektrische Wanderwellen auf Leitungen und in Wicklungen von Schaltanlagen. 4. Auflage. Springer-Verlag 1962.

[15] Baatz, H.: Überspannungen in Energieversorgungsnetzen. Springer-Verlag 1956.

[16] Alexandrow, G. N. u. W. L. Iwanow: Untersuchung der elektrischen Festigkeit der Luftabstände und der Isolatorketten bei der Einwirkung von inneren Überspannungen. Elektritschestwo (1962) H. 9.

[17] Fa. Bergner, R.: Lichtbogen-Schutzarmaturen. Teil III, Ausgabe Mai 1955.

[18] Schumann, W. O. u. H. Prinz: Fortschritte der Hochspannungstechnik. Band 2 (380 kV-Drehstromübertragung). Akadem. Verlagsges. Geest und Portig K. G. (1954) Leipzig.

[19] Schmidt, O. H.: Überschlagsmessungen an Isolatorenketten für Freileitungen. Deutsche Elektrotechnik 8 (1954) H. 4.

[20] Behrens, P., J. Nefzger u. J. Meyer: Aluminium-Freileitungen. 7. Auflage. Aluminium-Verlag, Düsseldorf (1954).

[21] Koch, W.: Erdungen in Wechselstromanlagen über 1 kV 2. Auflage. Springer-Verlag 1955.

[22] Funk, G.: Der Kurzschluß im Drehstromnetz. Verlag R. Oldenbourg, München 1962.

]23[Schrank, W Schutz gegen Berührungsspannungen. 3. Auflage. Springer-Verlag 1958.

[24] Alran, L.: The evolution envisaged by the Electricité de France in the manufacture of very High Voltage circuit breakers to secure simplification in this apparatus and a reduction in installation and operating costs. CIGRE-Bericht Nr. 136 (1952).

[25] Glover, I. u. P. P. Towler: Construction of 132 kV Switch House at Belvedere, Kent. The Engineer 3 (1959).

[26] Elektro-Technik (1952) H. 1.

[27] Kappeln, H.: Sammelschienen mit Isolation hohe Spannungen. Bull. SEV 53 (1962) H. 11.

[28] Albright, R. A.: 138 kV-Metal-Enclosed Isolated-Phase Bus and Switching Structure. Trans. A. I. E. E. III 77 (1958) H. 36.

[29] Imhof, A.: Über neue Konzeptionen und Werkstoffe der Hochspannungstechnik. STZ 55 (1958) H. 6.

[30] Katzschner, M.: 25 Jahre Expansionsschalter. SSW-Zeitschrift. 29 (1955) H. 2.

Allgemeine Literatur

Zu 1: Schaltanlagen

Baird, T. G.: Neuzeitliche Schaltanlagen in England. Trans. S. Afric. Inst. electr. Eng. 45 (1954).

Biermanns, J.: Grenzleistungen von Schaltern, Schaltanlagen und Leitungsnetzen. ETZ-A 76, H. 20 (1955).

Blaschke, H.: Schaltung und Bemessung von Sammelschienen elektrischer Anlagen. Akademische Verlagsgesellschaft Geest & Portig K.G., Leipzig 1953.

Boll, G. und H. Rose: Die technischen Probleme des deutschen 380 kV-Systems. CIGRE-Bericht Nr. 409 (1956).

Cabares, L. und C. Dietsch: Betrieb von Umspannwerken und Schaltanlagen unter Verwendung eines einzigen Leistungsschalters für jede Sammelschiene anstelle von Anlagen mit mehreren Leistungsschaltern für jede Hochspannungsleitung der bekannten Art. CIGRE-Bericht Nr. 140 (1956).

Gaty, L. R.: Amerikanische Praxis beim Bau von Hochspannungsanlagen. CIGRE-Bericht Nr. 126 (1956).

Goldstein, A. u. W. Frey: Höchstspannungs-Energieübertragung. Brown, Boveri-Mitteilungen 46, H. 4 (1959).

Hechler, F.: Die 380 kV-Schaltanlagen in Rommerskirchen und Hoheneck. ETZ-A 79, H. 7 (1958).

Hochrainer, A.: Hochspannungs-Schaltgeräte und -Schaltanlagen. ETZ-A 79, H. 19 (1958).

Jancke, G.: Planung großer Höchstspannungsnetze. ETZ-A 80, H. 11 (1959).

Lesch, G.: Lehrbuch der Hochspannungstechnik. Springer-Verlag, Berlin (1959).

Mangoldt, W. u. H. Wilhelms: Energieübertragung und Energieverteilung. Siemens-Schuckertwerke, Erlangen 1953.

Maikopar, A. S. und N. N. Bjeljakoff: Lichtbogen-Kurzschlüsse in Übertragungsnetzen für 400 kV und Verfahren zu deren Verhütung. Elektritschestwo H. 1 (1958).

Martin, E.: Korrosionsschutz und Klimabeständigkeit in Schaltanlagen. BBC-Nachrichten 44, H. 1 (1962).

Meiners, G.: Die 380 kV-Schaltanlage und ihre Probleme beim Bau von 380/220/110 kV-Umspannwerken. AEG-Mitteilungen 48, H. 8/9 (1958).

Netusil, P.: Die Beleuchtung von Freiluft-Schaltstationen. Elektrotechnik 13, H. 10 (1958).

Raasch, W.: Schaltanlagen Höchstspannung. Die Elektro-Post H. 22 (1955).

Roggendorf, A.: Reinigung in Hochspannungsanlagen unter Spannung mit fest eingebauten Berieselungsanlagen. Elektr.-Wirtsch. 50, H. 2 (1951).

Roth, A.: Hochspannungstechnik. 4. Auflage. Springer-Verlag, Wien (1959).

Schulze, E.: Das 110 kV-Netz von West-Berlin. Elektr.-Wirtsch. 58, H. 9 (1959).

Sviden, S. und G. Nordlöf: Die Schaltanlagen des Kraftwerkes Stornorrfors. ASEA-Zeitschrift 6, H. 2 (1961).

Sommer, E. M. K., H. Schmidt, W. Schrinner und K. Steinbach: Verei fachte 110 kV-Abspannstationen. Energietechnik 12, H. 2 (1962).

Susan, F.: Entwicklung und Wartung der Bauweisen von Hochspannungs-Freiluftschaltanlagen mit Berücksichtigung der Errichtung der 110 kV-Freiluft-Schaltanlage des Dampfkraftwerkes St. Andrä der österreichischen Drau-Kraftwerke A.G. Elin-Zeitschrift H. 4, Wien 4 (1952).

Schaltanlagen Bd. 1 und 2. VEM-Handbuch. VEB-Verlag Technik, Berlin (1961).

Weickert, F.: Hochspannungsanlagen. Fachbuchverlag, Leipzig 1955.

Ausbau der Höchstspannungsnetze auf 500 kV-Drehstrom. Elektro-Welt (C) 4, H. 3 (1959).

Zu 2.1: Schaltgeräte

Baatz, H.: Kurzunterbrechung und Netzaufbau in Verteilungsnetzen. ETZ-A 83, H. 19 (1962).

Emig, F.: Trennschalter und Lasttrennschalter 110 kV-Freiluftschaltanlagen. Elektr.-Wirtsch. 54, H. 8 (1955).

Hochrainer, A.: Das Schalten großer Ströme. AEG-Mitteilungen 47, H. 7/8 (1957).

Hochrainer, A.: Die Entwicklung der Hochspannungs-Leistungsschalter. Umschau 61, H. 7 (1961).

Hochrainer, A.: Hochspannungsschalter für Kurzunterbrechung. ETZ-A 83, H. 19 (1962).

Matthey-Doret, A. und A. Leuthold: Netzschutzversuche mit Schnellwiedereinschalten in einem Höchstspannungsnetz. Brown, Boveri-Mitteilungen 41, H. 9 (1954).

Obert, E.: Ölkesselschalter und ölarme Strömungsschalter. AEG-Mitteilungen 47, H. 7/8 (1957).

Parschalk, F.: Die Leistungsschalter für 380 kV und 220 kV in Rommerskirchen und Hoheneck. ETZ-A 79, H. 7 (1958).

Petschner, K.: Die Bewertung des Ausschaltvermögens der Leistungsschalter unter Berücksichtigung des Spannungseinschwingvorganges. Deutsche Elektrotechnik 7, H.2 (1953).

Reiske, K. und B. Stauch: Die 380 kV-Einsäulentrenner und Erdungsschalter in Rommerskirchen und Hoheneck. ETZ-A 79, H. 7 (1958).

Rimmark, L.: Selektivschutz und Automatik der Kurzunterbrechung. ETZ-A 83, H. 19 (1962).

Rüdenberg, R.: Elektrische Schaltvorgänge. 4. Auflage. Springer-Verlag (1953).

Scheven, O.: Statistische Erfassung erfolgreicher Kurzunterbrechungen im Netz. ETZ-A 83, H. 19 (1962).

Schick, W.: Raumsparende Hochspannungs-Trennschalter. AEG-Mitteilungen 50, H. 5 (1960).

Schick, W.: Der X-Trenner, ein raumsparender Trennschalter hohe Spannungen. AEG-Mitteilungen 51, H. 9/10 (1961).

Slamecka, E.: Das Schalten kleiner Ströme. AEG-Mitteilungen 47, H. 7/8 (1957).

Schulz, R. und P. Wiegand: Druckkammerschalter für 220 kV. ETZ-A 79, H. 24 (1958).

Schroeder, J. H. u. H. P. Tosch: Goadings Grove Substation is Chicago Area's First at 345-kV. Electr. Wld. 150, H. 8 (1958).

Stauch, B.: Die AEG-Freistrahlschalter für Höchstspannung. AEG-Mitteilungen 47, H. 7/8 (1957).

Straßer, E.: Erfahrungen mit Kurzunterbrechung in einem vermaschten Mittelspannungs-Verteilungsnetz. ETZ-A 83, H. 19 (1962).

Zu 2.2: Meßwandler

Bauer, R.: Die Meßwandler. Springer-Verlag, Berli Göttingen, Heidelberg 1963.

Beelz, W.: Meßwandler. Verfahrens- und Meßkunde der Naturwissenschaft. H. 10, 2. Auflage. F. Vieweg & Sohn, Braunschweig 1958.

Imhof, A.: Kunstharz-Meßwandler. ETZ-A 80, H. 20 (1959).

Kaltofen, A., H. Kettler und H. Ritz: Die 380 kV-Meßwandler in Rommerskirchen und Hoheneck. ETZ-A 79, H. 7 (1958).

Kaltofen, A.: Die Meßwandler in Anlagen für Höchstspannungsübertragung. AEG-Mitteilungen 48, H. 8/9 (1958).

inckh, H. E.: Entwicklung der Wandlermeßtechnik. Zeitschrift für Instrumentenkunde 67, H. 1 (1959).

Zu 2.3: Überspannungen

Amsler, J.: Überspannungsableiter in 400 kV-Netzen. Neues von Sprecher & Schuh H. 2 (1958).

Biermanns, J.: Hochspannung und Hochleistung. Karl Hanser Verlag, München 1949.

Bollmann, H.: Überspannungsschutz von 380 kV-Transformatoren mit direkter Kabeleinführung. Siemens-Z. 36, H. 3 (1962).

Bollmann, H. und W. Buch: Die Begrenzung von Überspannungen zwischen den Leitern und gegen Erde mit einer Vier-Ableiter-Schaltung. ETZ-A 82, H. 23 (1961).

Coates: The choise of switchgear. Verlag Chapman & Hall, London.

Hoppner, A.: Handbuch für Planung, Konstruktion und Montage von Schaltanlagen. 3. Auflage. BBC, Mannheim.

Klos, G. und W. Rabus: Isolationskoordination und Ableiter bei der 380 kV-Übertragung Rommerskirchen—Hoheneck. ETZ-A 79, H. 7 (1958).

Lopschitz, L. M.: Ein Nomogramm für die Schutzzonen von Überspannungsableitern. Elektritschestwo H. 7 (1957), [Arch. Energiewirtsch. 12, H. 7 (1958)].

Muravleva, N. V.: Erhöhung der Spannung gegen Erde beim Schneiden einer Wanderwelle durch Röhrenableiter oder beim Überbrücken der Isolation. Elektritscheskije Stanzii 29, H. 4 (1958).

Schulze, H., H. Koettnitz und C. Hieke: Richtlinien für Wahl, Einbau und Erdung von Überspannungsableitern. VEB-Verlag Technik, Berlin 1957.

Zu 3: Isolatoren und Leitungen

Cron, H. v.: Essais des isolateurs recouverts superficiellement de couches étrangères reproductibles. CIGRE-Bericht Nr. 203 (1956).

Dorsch, H.: Spannungsbeanspruchungen und Isolationsbemessung von Hochspannungsschaltanlagen mit Betriebsspannungen bis 110 kV. ETZ-A 83, H. 6 (1962).

Hecht, A.: Die Isolatoren der 380 kV-Schaltanlagen in Rommerskirchen und Hoheneck. ETZ-A 79, H. 7 (1958).

Malmstrom, A. L., L. G. Gifford und I. O. Schmith: Kurzschlußversuche an Bündelleitern. Electr. Engineering 77, H. 8 (1958), [Arch. f. Energiewirtschaft 13, H. 3 (1959)].

Robinson, W. G.: Extra-High-Voltage Insulators. Electrical Review H. 1 (1960).

Rokotjan, S. S.: Konstruktive und technisch-wirtschaftliche Kennwerte der 400 kV-Übertragungsleitungen. Elektritscheskije stanzii H. 8 (1957), [Arch. Energiewirtschaft 12, H. 8 (1958)].

Seiliger, A. N. und B. P. Nowgorodzew: Die 220 kV-Leitungen mit Bündelleitern. Elektritscheswo H. 2 (1958), [Arch. Energiewirtschaft 12, H. 19 (1958)].

Zu 4: Steuerschränke

Keppler, M., F. Binggeli und E. Hugentobler: Kommandoanlage mit dezentralisierten Steuer-, Meß-, Relais- und Zähler-Stellen. Bull. SEV 49, H. 11 (1958).

Vereinigung Deutscher Elektrizitätswerke e. V.: Richtlinien für Druckluftanlagen in elektrischen Schaltanlagen. Verlags- und Wirtschaftsgesellschaft der Elektrizitätswerke m. b. H., Frankfurt/Main 1959.

Zu 5: Erdung

Baatz, H.: Erdungen in Hochspannungsnetzen. ETZ-A 77, H. 23 (1956).

Langer, H. Messungen von Erder-Spannungen in einem 220-kV-Umspannwerk. ETZ-A 75, H. 4 (1954).

Niemann, J.: Umstellung von Höchstspannungs-Erdungsanlagen auf den Betrieb mit starr geerdetem Sternpunkt. ETZ-A 73, H. 10 (1952).

Die Erdungen in Energieversorgungsanlagen. Studiengesellschaft Höchstspannungsanlagen e. V Technischer Bericht Nr. 177.

Sternpunktbehandlung in Hochspannungsnetzen. Studiengesellschaft Höchstspannungsanlagen e. V. Technischer Bericht Nr. 181.

Zu 6: Fundamente

Süberkrüb. M.: Mastgründungen für Freileitungen, Fahrleitungsanlagen und Bahnspeiseleitungen. Verlag von Wilhelm Ernst & Sohn, Berlin 1958.

Zu 7: Innenanlagen

Salomon, K.: 110-kV-Innenschaltanlage des Kraftwerkes Mainz-Wiesbaden. BBC-Nachrichten 43, H. 9 (1958).

Schmidt, W. I.: Die Entwicklung der 110 kV-Innenschaltanlage Kurfürstenstraße des Kraftwerkes Mainz-Wiesbaden. Energie 14, H. 2 (1962).

Schrinner, W.: Betrachtungen über den Einfluß kunststoffisolierter Sammelschienen auf das Bauvolumen und die Betriebssicherheit der Hochspannungs-Innenraumanlagen Reihe 110. Energietechnik 12, H. 7 (1962).

Zu 7.3: Isolierte Anlagen

Blaß, E. und K. Dörfer: Erwärmungsprobleme elektrischer Leiter in gekapselten Schaltanlagen. ETZ-A 84, H. 9 (1963).

Getschmann, K. und G. Meiners: Isolationstechnische Probleme bei Verwendung von Kunststoffen in Hochspannungs-Schaltanlagen. ETZ-A 80, H. 20 (1959).

Bildquellen-Verzeichnis

Bild 1—14, 17, 19—22, 24, 26, 28—32, 34—36, 38—44, 46, 48—51, 53, 58: AEG.
Bild 15: Werkphoto. Voigt & Haeffner, Frankfurt/M.
Bild 16: Bull. SEV 51 (1960) H. 15.
Bild 18: Electra Nr. 36 (1959) S. 3.
Bild 23: R. Bergner, Lichtbogen-Schutzarmaturen Teil III.
Bild 25: Deutsche Elektro-Technik 8 (1954) H. 4.
Bild 27: Werkphoto. Karl Pfisterer, Stuttgart-Untertürkheim.
Bild 33: Nach VDE 0141/11. 58.
Bild 37: CIGRE-Bericht Nr. 136 (1952).
Bild 45: The Engineer (1959) H. 3.
Bild 47: Elektro-Techniek (1952) H. 1.
Bild 52: Bull. SEV 53 (1962) H. 11.
Bild 54: Elektr. World. Bd. 143 (1955) H. 19.
Bild 55—57: STZ 55 (1958) H. 6.

Stichwort-Register

SAMMLUNG GÖSCHEN

GESAMTVERZEICHNIS

Jeder Band DM 3,60 Doppelband DM 5,80

Februar 1964

WALTER DE GRUYTER & CO., BERLIN 30

Inhaltsübersicht

Geisteswissenschaften

Philosophie

Einführung in die Philosophie von *H. Leisegang †*. 5. Auflage. 146 Seiten. 1963. (281)

Hauptprobleme der Philosophie von *G. Simmel †*. 7., unveränderte Auflage. 177 Seiten. 1950. (500)

Geschichte der Philosophie

I: Die griechische Philosophie von *W. Capelle*. 1. Teil. Von Thales bis Leukippos. 2., erweiterte Auflage. 135 Seiten. 1953. (857)

II: Die griechische Philosophie von *W. Capelle*. 2. Teil. Von der Sophistik bis zum Tode Platons. 2., stark erweiterte Auflage. 144 Seiten. 1953. (858)

III: Die griechische Philosophie von *W. Capelle*. 3. Teil. Vom Tode Platons bis zur Alten Stoa. 2., stark erweiterte Auflage. 132 Seiten. 1954. (859)

IV: Die griechische Philosophie von *W. Capelle*. 4. Teil. Von der Alten Stoa bis zum Eklektizismus im 1. Jh. v. Chr. 2., stark erweiterte Auflage. 132 Seiten. 1954. (863)

V: Die Philosophie des Mittelalters von *J. Koch*. In Vorbereitung. (826)

VI: Von der Renaissance bis Kant von *K. Schilling*. 234 Seiten. 1954. (394/394a)

VII: Immanuel Kant von *G. Lehmann*. In Vorbereitung. (536)

VIII: Die Philosophie des 19. Jahrhunderts von *G. Lehmann*. 1. Teil. 151 Seiten. 1953. (571)

IX: Die Philosophie des 19. Jahrhunderts von *G. Lehmann*. 2. Teil. 168 Seiten. 1953. (709)

X: Die Philosophie im ersten Drittel des 20. Jahrhunderts 1. Teil von *G. Lehmann*. 128 Seiten. 1957. (845)

XI: Die Philosophie im ersten Drittel des 20. Jahrhunderts 2. Teil von *G. Lehmann*. 114 Seiten. 1960. (850)

Die geistige Situation der Zeit (1931) von *K. Jaspers*. 5., unveränderter Abdruck der im Sommer 1932 bearbeiteten 5. Auflage. 211 Seiten. 1960. (1000)

Erkenntnistheorie von *G. Kropp*.
1. Teil: Allgemeine Grundlegung. 143 Seiten. 1950. (807)

Formale Logik von *P. Lorenzen*. 2., verbesserte Auflage. 165 Seiten. 1962. (1176/1176a)

Philosophisches Wörterbuch von *M. Apel †*. 5., völlig neubearbeitete Auflage von *P. Ludz*. 315 Seiten. 1958. (1031/1031a)

Philosophische Anthropologie. Menschliche Selbstdeutung in Geschichte und Gegenwart von *M. Landmann*. 2. Auflage. 214 Seiten. 1964. (156/156a)

Pädagogik, Psychologie, Soziologie

Geschichte der Pädagogik von *Herm. Weimer*. 15., neubearbeitete und vermehrte Auflage von *Heinz Weimer*. 184 Seiten. 1962. (145)
Therapeutische Psychologie. Ihr Weg durch die Psychoanalyse von *W. M. Kranefeldt*. Mit einer Einführung von *C. G. Jung*. 3. Auflage. 152 Seiten. 1956. (1034)
Allgemeine Psychologie von *Th. Erismann †*. 4 Bände. 2., neubearbeitete Auflage.
I: Grundprobleme. 146 Seiten. 1958. (831)
II: Grundarten des psychischen Geschehens. 248 Seiten. 1959. (832/832a)
III: Experimentelle Psychologie und ihre Grundlagen. 1. Teil. 112 Seiten, 7 Abbildungen. 1962. (833)
IV: Experimentelle Psychologie und ihre Grundlagen. 2. Teil. 199 Seiten, 20 Abbildungen. 1962. (834/834a)
Soziologie. Geschichte und Hauptprobleme von *L. von Wiese*. 6. Auflage. 175 Seiten. 1960. (101)
Ideengeschichte der sozialen Bewegung des 19. und 20. Jh. von *W. Hofmann*. 243 Seiten. 1962. (1205/1205a)
Sozialpsychologie von *P. R. Hofstätter*. 2. Auflage. 181 Seiten, 15 Abbildungen, 22 Tabellen. 1964. In Vorbereitung. (104/104a)
Psychologie des Berufs- und Wirtschaftslebens von *W. Moede †*. 190 Seiten, 48 Abbildungen. 1958. (851/851a)
Industrie- und Betriebssoziologie von *R. Dahrendorf*. 2., umgearbeitete und erweiterte Auflage. 142 Seiten, 3 Figuren. 1962. (103)
Wirtschaftssoziologie von *F. Fürstenberg*. 122 Seiten. 1961. (1193)
Einführung in die Sozialethik von *H.-D. Wendland*. 144 Seiten. 1963. (1203)

Religion

Jesus von *M. Dibelius †*. 3. Auflage, mit einem Nachtrag von *W. G. Kümmel*. 140 Seiten. 1960. (1130)
Paulus von *M. Dibelius †*. Nach dem Tode des Verfassers herausgegeben und zu Ende geführt von *W. G. Kümmel*. 3., durchgesehene Auflage. 155 Seiten. 1964. (1160)
Luther von *F. Lau*. 151 Seiten. 1959. (1187)
Melanchthon von *R. Stupperich*. 139 Seiten. 1960. (1190)
Einführung in die Konfessionskunde der orthodoxen Kirchen von *K. Onasch*. 291 Seiten. 1962. (1197/1197a)
Geschichte des christlichen Gottesdienstes von *W. Nagel*. 215 Seiten. 1962. (1202/1202a)
Geschichte Israels. Von den Anfängen bis zur Zerstörung des Tempels (70 n. Chr.) von *E. L. Ehrlich*. 158 Seiten, 1 Tafel. 1958. (231/231a)
Römische Religionsgeschichte von *F. Altheim*. 2 Bände. 2., umgearbeitete Auflage.
I: Grundlagen und Grundbegriffe. 116 Seiten. 1956. (1035)
II: Der geschichtliche Ablauf. 164 Seiten. 1956. (1052)

Die Religion des Buddhismus von *D. Schlingloff.* 2 Bände.
I: Der Heilsweg des Mönchtums. 122 Seiten, 11 Abbildungen, 1 Karte. 1962. (174)
Der Heilsweg für die Welt. 129 Seiten, 9 Abbildungen, 1 Karte. 1963. (770)

Musik

Musikästhetik von *H. J. Moser.* 180 Seiten. Mit zahlreichen Notenbeispielen. 1953. (344)
Systematische Modulation von *R. Hernried.* 2. Auflage. 136 Seiten. Mit zahlreichen Notenbeispielen. 1950. (1094)
Der polyphone Satz von *E. Pepping.* 2 Bände.
I: Der cantus-firmus-Satz. 2. Auflage. 223 Seiten. Mit zahlreichen Notenbeispielen. 1950. (1148)
II: Übungen im doppelten Kontrapunkt und im Kanon. 137 Seiten. Mit zahlreichen Notenbeispielen. 1957. (1164/1164a)
Allgemeine Musiklehre von *H. J. Moser.* 2., durchgesehene Auflage. 155 Seiten. Mit zahlreichen Notenbeispielen. 1955. (220/220a)
Harmonielehre von *H. J. Moser.* 2 Bände.
I: 109 Seiten. Mit 120 Notenbeispielen. 1954. (809)
II: In Vorbereitung. (810)
Die Musik des 19. Jahrhunderts von *W. Oehlmann.* 180 Seiten. 1953. (170)
Die Musik des 20. Jahrhunderts von *W. Oehlmann.* 312 Seiten. 1961. (171/171a)
Technik der deutschen Gesangskunst von *H. J. Moser.* 3., durchgesehene und verbesserte Auflage. 144 Seiten, 5 Figuren sowie Tabellen und Notenbeispiele. 1954. (576/576a)
Die Kunst des Dirigierens von *H. W. von Waltershausen †.* 2., vermehrte Auflage. 138 Seiten. Mit 19 Notenbeispielen. 1954. (1147)
Die Technik des Klavierspiels aus dem Geiste des musikalischen Kunstwerkes von *K. Schubert †.* 3. Auflage. 110 Seiten. Mit Notenbeispielen. 1954. (1045)

Kunst

Stilkunde von *H. Weigert.* 2 Bände. 3., durchgesehene und ergänzte Auflage.
Vorzeit, Antike, Mittelalter. 136 Seiten, 94 Abbildu 1958. (80)
Spätmittelalter und Neuzeit. 150 Seiten, 88 Abbildungen. 1958. (781)
Archäologie von *A. Rumpf.* 3 Bände.
I: Einleitung, historischer Überblick. 143 Seiten, 6 Abbildungen, 12 Tafeln. 1953. (538)
Die Archäologensprache. Die antiken Reprodukti 136 Seiten, 7 Abbildungen, 12 Tafeln. 1956. (539)
In Vorbereitung. (540)

Geschichte

Einführung in die Geschichtswissenschaft von *P. Kirn.* 4., durchgesehene Auflage. 127 Seiten. 1963. (270)

GEISTESWISSENSCHAFTEN

Einführung in die Zeitgeschichte von *B. Scheurig*. 101 Seiten. 1962. (1204)

Zeitrechnung der römischen Kaiserzeit, des Mittelalters und der Neuzeit für die Jahre 1—2000 n. Chr. von *H. Lietzmann †*. 3. Auflage, durchgesehen von *K. Aland*. 130 Seiten. 1956. (1085)

Kultur der Urzeit von *F. Behn*. 3 Bände. 4. Auflage der Kultur der Urzeit Bd. 1—3 von *M. Hoernes*.

I: Die vormetallischen Kulturen. (Die Steinzeiten Europas. Gleichartige Kulturen in anderen Erdteilen.) 172 Seiten, 48 Abbildungen. 1950. (564)

II: Die älteren Metallkulturen. (Der Beginn der Metallbenutzung, Kupfer- und Bronzezeit in Europa, im Orient und in Amerika.) 160 Seiten, 67 Abbildungen. 1950. (565)

Die jüngeren Metallkulturen. (Das Eisen als Kulturmetall, Hallstatt-Latène-Kultur in Europa. Das erste Auftreten des Eisens in den anderen Weltteilen.) 149 Seiten, 60 Abbildungen. 1950. (566)

Vorgeschichte Europas von *F. Behn*. Völlig neue Bearbeitung der 7. Auflage der „Urgeschichte der Menschheit" von *M. Hoernes*. 125 Seiten, 47 Abbildungen. 1949. (42)

Der Eintritt der Germanen in die Geschichte von *J. Haller †*. 3. Auflage, durchgesehen von *H. Dannenbauer*. 120 Seiten, 6 Kartenskizzen. 1957. (1117)

Von den Karolingern zu den Staufern. Die altdeutsche Kaiserzeit (900—1250) von *J. Haller †*. 4., durchgesehene Auflage von *H. Dannenbauer*. 142 Seiten, 4 Karten. 1958. (1065)

Von den Staufern zu den Habsburgern. Auflösung des Reichs und Emporkommen der Landesstaaten (1250—1519) von *J. Haller †*. 2., durchgesehene Auflage von *H. Dannenbauer*. 118 Seiten, 6 Kartenskizzen. 1960. (1077)

Deutsche Geschichte im Zeitalter der Reformation, der Gegenreformation und des dreißigjährigen Krieges von *F. Hartung*. 2., durchgesehene Auflage. 128 Seiten. 1963. (1105)

Deutsche Geschichte von 1648—1740. Politischer und geistiger Wiederaufbau von *W. Treue*. 120 Seiten. 1956. (35)

Deutsche Geschichte von 1713—1806. Von der Schaffung des europäischen Gleichgewichts bis zu Napoleons Herrschaft von *W. Treue*. 168 Seiten. 1957. (39)

Deutsche Geschichte von 1806—1890. Vom Ende des alten bis zur Höhe des neuen Reiches von *W. Treue*. 128 Seiten. 1961. (893)

Deutsche Geschichte von 1890 bis zur Gegenwart von *W. Treue*. In Vorbereitung. (894)

Quellenkunde der Deutschen Geschichte im Mittelalter (bis zur Mitte des 15. Jahrhunderts) von *K. Jacob †*. 3 Bände.

I: Einleitung. Allgemeiner Teil. Die Zeit der Karolinger. 6. Auflage, bearbeitet von *H. Hohenleutner*. 127 Seiten. 1959. (279)

Die Kaiserzeit (911—1250). 5. Auflage, neubearbeitet von *H. Hohenleutner*. 141 Seiten. 1961. (280)

Das Spätmittelalter (vom Interregnum bis 1500). Herausgegeben von *F. Weden*. 152 Seiten. 1952. (284)

Geschichte Englands von *H. Preller*. 2 Bände.
I: bis 1815. 3., stark umgearbeitete Auflage. 135 Seiten, 7 Stammtafeln, 2 Karten. 1952. (375)
Von 1815 bis 1910. 2., völlig umgearbeitete Auflage. 118 Seiten, 1 Stammtafel, 7 Karten. 1954. (1088)

Römische Geschichte von *F. Altheim*. 4 Bände. 2., verbesserte Auflage.
I: Bis zur Schlacht bei Pydna (168 v.Chr.). 124 Seiten. 1956. (19)
Bis zur Schlacht bei Actium (31 v.Chr.). 129 Seiten. 1956. (677)
III: Bis zur Schlacht an der Milvischen Brücke (312 n.Chr.). 148 Seiten. 1958. (679)
IV: Bis zur Schlacht am Yarmuk (636 n.Chr.). In Vorbereitung. (684)

Geschichte der Vereinigten Staaten von Amerika von *O. Graf zu Stolberg-Wernigerode*. 192 Seiten, 10 Karten. 1956. (1051/1051a)

Deutsche Sprache und Literatur

Geschichte der Deutschen Sprache von *H. Sperber*. 4. Auflage, besorgt von *W. Fleischhauer*. 128 Seiten. 1963. (915)

Deutsches Rechtschreibungswörterbuch von *M. Gottschald †*. 2., verbesserte Auflage. 219 Seiten. 1953. (200/200a)

Deutsche Wortkunde. Kulturgeschichte des deutschen Wortschatzes von *A. Schirmer*. 4. Auflage von *W. Mitzka*. 123 Seiten. 1960. (929)

Deutsche Sprachlehre von *W. Hofstaetter*. 10. Auflage. Völlige Umarbeitung der 8. Auflage. 150 Seiten. 1960. (20)

Stimmkunde für Beruf, Kunst und Heilzwecke von *H. Biehle*. 111 Seiten. 1955. (60)

Redetechnik. Einführung in die Rhetorik von *H. Biehle*. 2., erweiterte Auflage. 151 Seiten. 1961. (61)

Sprechen und Sprachpflege (Die Kunst des Sprechens) von *H. Feist*. 2., verbesserte Auflage. 99 Seiten, 25 Abbildungen. 1952. (1122)

Deutsches Dichten und Denken von der germanischen bis zur staufischen Zeit von *H. Naumann †*. (Deutsche Literaturgeschichte vom 5.—13. Jahrhundert.) 2., verbesserte Auflage. 166 Seiten. 1952. (1121)

Deutsches Dichten und Denken vom Mittelalter zur Neuzeit von *G. Müller* (1270 bis 1700). 3., durchgesehene Auflage. 159 Seiten. In Vorbereitung. (1086)

Deutsches Dichten und Denken von der Aufklärung bis zum Realismus (Deutsche Literaturgeschichte von 1700—1890) von *K. Viëtor †*. 3., durchgesehene Auflage. 159 Seiten. 1958. (1096)

Deutsche Heldensage von *H. Schneider*. 2. Auflage, bearbeitet von *R. Wisniewski*. 148 Seiten. 1964. (32)

Der Nibelunge Nôt in Auswahl mit kurzem Wörterbuch von *K. Langosch*. 10., durchgesehene Auflage. 164 Seiten. 1956. (1)

Kudrun und Dietrich-Epen in Auswahl mit Wörterbuch von *O. L. Jiriczek*. 6. Auflage, bearbeitet von *R. Wisniewski*. 173 Seiten. 1957. (10)

Wolfram von Eschenbach. Parzival. Eine Auswahl mit Anmerkungen und Wörterbuch von *H. Jantzen*. 2. Auflage, bearbeitet von *H. Kolb*. 128 Seiten. 1957. (921)

Hartmann von Aue. Der arme Heinrich nebst einer Auswahl aus der „Klage", dem „Gregorius" und den Liedern (mit einem Wörterverzeichnis) herausgegeben von *F. Maurer*. 96 Seiten. 1958. (18)
Gottfried von Strassburg in Auswahl herausgegeben von *F. Maurer*. 142 Seiten. 1959. (22)
Die deutschen Personennamen von *M. Gottschald †*. 2., verbesserte Auflage. 151 Seiten. 1955. (422)
Althochdeutsches Elementarbuch. Grammatik und Texte von *H. Naumann †* und *W. Betz*. 3., verbesserte und vermehrte Auflage. 183 Seiten. 1962. (1111/1111a)
Mittelhochdeutsche Grammatik von *H. de Boor* und *R. Wisniewski*. 3., verbesserte und ergänzte Auflage. 150 Seiten. 1963. (1108)

Indogermanisch, Germanisch

Indogermanische Sprachwissenschaft von *H. Krahe*. 2 Bände. 4., überarbeitete Auflage.
I: Einleitung und Lautlehre. 110 Seiten. 1962. (59)
II: Formenlehre. 100 Seiten. 1963. (64)
Gotisches Elementarbuch. Grammatik, Texte mit Übersetzung und Erläuterungen von *H. Hempel*. 3., umgearbeitete Auflage. 166 Seiten. 1962. (79/79a)
Germanische Sprachwissenschaft von *H. Krahe*. 2 Bände.
I: Einleitung und Lautlehre. 5., überarbeitete Auflage. 149 Seiten. 1963. (238)
II: Formenlehre. 4., überarbeitete Auflage. 149 Seiten. 1961. (780)
Altnordisches Elementarbuch. Schrift, Sprache, Texte mit Übersetzung und Wörterbuch von *F. Ranke*. 2., durchgesehene Auflage. 146 Seiten. 1949. (1115)

Englisch, Romanisch

Altenglisches Elementarbuch. Einführung, Grammatik, Texte mit Übersetzung und Wörterbuch von *M. Lehnert*. 5., verbesserte Auflage. 178 Seiten. 1962. (1125)
Historische neuenglische Laut- und Formenlehre von *E. Ekwall*. 3., durchgesehene Auflage. 150 Seiten. 1956. (735)
Englische Phonetik von *H. Mutschmann †*. 2. Auflage, bearbeitet von *G. Scherer*. 127 Seiten. 1963. (601)
Englische Literaturgeschichte von *F. Schubel*. 4 Bände.
I: Die alt- und mittelenglische Periode. 163 Seiten. 1954. (1114)
II: Von der Renaissance bis zur Aufklärung. 160 Seiten. 1956. (1116)
III: Romantik und Viktorianismus. 160 Seiten. 1960. (1124)
Beowulf von *M. Lehnert*. Eine Auswahl mit Einführung, teilweiser Übersetzung, Anmerkungen und etymologischem Wörterbuch. 3., verbesserte Auflage. 135 Seiten. 1959. (1135)
Shakespeare von *P. Meißner †*. 2. Auflage, neubearbeitet von *M. Lehnert*. 136 Seiten. 1954. (1142)

Romanische Sprachwissenschaft von *H. Lausberg*. 4 Bände.
I: Einleitung und Vokalismus. 2., durchgesehene Auflage. 211 Seiten. 1963. (128/128a)
II: Konsonantismus. 95 Seiten. 1956. (250)
III: Formenlehre. 1. Teil. 99 Seiten. 1962. (1199)
III: Formenlehre. 2. Teil. S. 99—260. 1962. (1200/1200a)
IV: Wortlehre. In Vorbereitung. (1208)

Griechisch, Lateinisch

Griechische Sprachwissenschaft von *W. Brandenstein*. 3 Bände.
I: Einleitung, Lautsystem, Etymologie. 160 Seiten. 1954. (117)
Wortbildung und Formenlehre. 192 Seiten. 1959. (118/118a)
III: Syntax. In Vorbereitung. (1218)
Geschichte der griechischen Sprache. 2 Bände.
I: Bis zum Ausgang der klassischen Zeit von *O. Hoffmann †*. 3. Auflage, bearbeitet von *A. Debrunner †*. 156 Seiten. 1953. (111)
II: Grundfragen und Grundzüge des nachklassischen Griechisch von *A. Debrunner †*. 144 Seiten. 1954. (114)
Geschichte der griechischen Literatur von *W. Nestle*. 2 Bände. 3. Auflage, bearbeitet von *W. Liebich*.
I: 144 Seiten. 1961. (70)
II: 149 Seiten. 1963. (557)
Grammatik der neugriechischen Volkssprache von *J. Kalitsunakis*. 3., wesentlich erweiterte und verbesserte Auflage. 196 Seiten. 1963. (756/756a)
Neugriechisch-deutsches Gesprächsbuch von *J. Kalitsunakis*. 2. Auflage, bearbeitet von *A. Steinmetz*. 99 Seiten. 1960. (587)
Geschichte der lateinischen Sprache von *F. Stolz*. 4. Auflage von *A. Debrunner †*. In Vorbereitung. (492)
Geschichte der römischen Literatur von *L. Bieler*. 2 Bände.
I: Die Literatur der Republik. 160 Seiten. 1961. (52)
II: Die Literatur der Kaiserzeit. 133 Seiten. 1961. (866)

Hebräisch, Sanskrit, Russisch

Hebräische Grammatik von *G. Beer †*. 2 Bände. Völlig neubearbeitet von *R. Meyer*.
I: Schrift-, Laut- und Formenlehre I. 3. Auflage. Etwa 224 Seiten. In Vorbereitung. (763/763a)
Formenlehre II. Syntax und Flexionstabellen. 2. Au 195 Seiten. 1955. (764/764a)
Hebräisches Textbuch zu *G. Beer-R. Meyer*, Hebräische Grammatik von *R. Meyer*. 170 Seiten. 1960. (769/769a)
Sanskrit-Grammatik von *M. Mayrhofer*. 89 Seiten. 1953. (1158)
Russische Grammatik von *E. Berneker †*. 6., verbesserte Auflage von *M. Vasmer †*. 155 Seiten. 1961. (66)
Slavische Sprachwissenschaft von *H. Bräuer*. 2 Bände.
I: Einleitung, Lautlehre. 221 Seiten. 1961. (1191/1191a)

Erd- und Länderkunde, Kartographie

Afrika von *F. Jaeger*. Ein geographischer Überblick. 2 Bände. 3. Auflage.
I: Der Lebensraum. 179 Seiten, 18 Abbildungen. In Vorbereitung. (910)
II: Mensch und Kultur. 155 Seiten, 6 Abbildungen. In Vorbereitung. (911)

Australien und Ozeanien von *H. J. Krug*. 176 Seiten, 46 Skizzen. 1953. (319)

Kartographie von *V. Heissler*. 213 Seiten, 125 Abb., 8 Anlagen. 1962. (30/30a)

Volkswirtschaft, Statistik, Publizistik

Allgemeine Betriebswirtschaftslehre von *K. Mellerowicz*. 4 Bände. 11., durchgesehene Auflage.
I: 224 Seiten. 1961. (1008/1008a)
II: 188 Seiten. 1962. (1153/1153a)
III: 260 Seiten. 1963. (1154/1154a)
IV: 209 Seiten. 1963. (1186/1186a)

Buchhaltung und Bilanz von *E. Kosiol*. Etwa 114 Seiten, 29 Tafeln. 1964. (1213)

Geschichte der Volkswirtschaftslehre von *S. Wendt*. 182 Seiten. 1961. (1194)

Allgemeine Volkswirtschaftslehre von *A. Paulsen*. 4 Bände.
I: Grundlegung, Wirtschaftskreislauf. 5., neubearbeitete Auflage. 154 Seiten. 1964. (1169)
II: Haushalte, Unternehmungen, Marktformen. 5., neubearbeitete Auflage. 168 Seiten, 35 Abbildungen. 1964. (1170)
Produktionsfaktoren. 3., neubearbeitete und ergänzte Auflage. 198 Seiten. 1963. (1171)
IV: Gesamtbeschäftigung, Konjunkturen, Wachstum. 3. Auflage. 174 Seiten. 1964. (1172)

Allgemeine Volkswirtschaftspolitik von *H. Ohm*. 2 Bände.
I: Systematisch-Theoretische Grundlegung. 137 Seiten, 6 Abbildungen. 1962. (1195)
Der volkswirtschaftliche Gesamtorganismus als Objekt der Wirtschaftspolitik. In Vorbereitung. (1196)

Finanzwissenschaft von *H. Kolms*. 4 Bände.
I: Grundlegung, Öffentliche Ausgaben. 2., verbesserte Auflage. 162 Seiten. 1963. (148)
Erwerbseinkünfte, Gebühren und Beiträge, Allgemeine Steuerlehre. 2., verbesserte Auflage. 150 Seiten. 1964. (391)
III: Besondere Steuerlehre. 178 Seiten. 1962. (776)
IV: Öffentlicher Kredit. Haushaltswesen. Finanzausgleich. 1964. In Vorbereitung. (782)

Finanzmathematik von *M. Nicolas.* 192 Seiten, 11 Tafeln, 8 Tabellen und 72 Beispiele. 1959. (1183/1183a)

Industrie- und Betriebssoziologie von *R. Dahrendorf.* 2., umgearbeitete und erweiterte Auflage. 142 Seiten, 3 Figuren. 1962. (103)

Wirtschaftssoziologie von *F. Fürstenberg.* 122 Seiten. 1961. (1193)

Psychologie des Berufs- und Wirtschaftslebens von *W. Moede †.* 190 Seiten, 48 Abbildungen. 1958. (851/851a)

Einführung in die Arbeitswissenschaft von *H. H. Hilf.* 164 Seiten, 57 Abbildungen. 1964. (1212/1212a)

Allgemeine Methodenlehre der Statistik von *J. Pfanzagl.* 2 Bände.
I: Elementare Methoden unter besonderer Berücksichtigung der Anwendungen in den Wirtschafts- und Sozialwissenschaften. 2. Auflage. 251 Seiten, 42 Abbildungen. 1964. (746/746a)
II: Höhere Methoden unter besonderer Berücksichtigung der Anwendungen in Naturwissenschaft, Medizin und Technik. 295 Seiten, 39 Abbildungen. 1962. (747/747a)

Zeitungslehre von *E. Dovifat.* 2 Bände. 4., neubearbeitete Auflage.
I: Theoretische und rechtliche Grundlagen — Nachricht und Meinung — Sprache und Form. 149 Seiten. 1962. (1039)
II: Redaktion — Die Sparten: Verlag und Vertrieb, Wirtschaft und Technik — Sicherung der öffentlichen Aufgabe. 168 Seiten. 1962. (1040)

Naturwissenschaften

Mathematik

Geschichte der Mathematik von *J. E. Hofmann*. 4 Bände.
I: Von den Anfängen bis zum Auftreten von Fermat und Descartes. 2., verbesserte und vermehrte Auflage. 251 Seiten. 1963. (226/226a)
II: Von Fermat und Descartes bis zur Erfindung des Calculus und bis zum Ausbau der neuen Methoden. 109 Seiten. 1957. (875)
Von den Auseinandersetzungen um den Calculus bis zur französischen Revolution. 107 Seiten. 1957. (882)
IV: Geschichte der Mathematik der neuesten Zeit von *N. Stuloff*. In Vorbereitung. (883)

Mathematische Formelsammlung von *F. O. Ringleb*. 7., erweiterte Auflage. 320 Seiten, 40 Figuren. 1960. (51/51a)

Vierstellige Tafeln und Gegentafeln für logarithmisches und trigonometrisches Rechnen in zwei Farben zusammengestellt von *H. Schubert* und *R. Haussner*. 3., neubearbeitete Auflage von *J. Erlebach*. 158 Seiten. 1960. (81)

Fünfstellige Logarithmen mit mehreren graphischen Rechentafeln und häufig vorkommenden Zahlenwerten von *A. Adler*. 4. Auflage, überarbeitet von *J. Erlebach*. 127 Seiten, 1 Tafel. 1962. (423)

Arithmetik von *P. B. Fischer* †. 3. Auflage von *H. Rohrbach*. 152 Seiten, 19 Abbildungen. 1958. (47)

Höhere Algebra von *H. Hasse*. 2 Bände.
I: Lineare Gleichungen. 5., neubearbeitete Auflage. 150 Seiten. 1963. (931)
Gleichungen höheren Grades. 4., durchgesehene Auflage. 158 Seiten, 5 Figuren. 1958. (932)

Aufgabensammlung zur höheren Algebra von *H. Hasse* und *W. Klobe*. 3., verbesserte Auflage. 183 Seiten. 1961. (1082)

Elementare und klassische Algebra vom modernen Standpunkt von *W. Krull*. 2 Bände.
I: 3., erweiterte Auflage. 148 Seiten. 1963. (930)
II: 132 Seiten. 1959. (933)

Lineare Programmierung von *H. Langen*. Etwa 200 Seiten. 1964. (1206/1206a)

Algebraische Kurven und Flächen von *W. Burau*. 2 Bände.
I: Algebraische Kurven der Ebene. 153 Seiten, 28 Abbildungen. 1962. (435)
Algebraische Flächen 3. Grades und Raumkurven 3. und 4. Grades. 162 Seiten, 17 Abbildungen. 1962. (436/436a)

Einführung in die Zahlentheorie von *A. Scholz* †. Überarbeitet und herausgegeben von *B. Schoeneberg*. 3. Auflage. 128 Seiten. 1961. (1131)

Formale Logik von *P. Lorenzen*. 2., verbesserte Auflage. 165 Seiten. 1962. (1176/1176a)

Topologie von *W. Franz*. 2 Bände.
I: Allgemeine Topologie. 144 Seiten, 9 Figuren. 1960. (1181)
II: Algebraische Topologie. 130 Seiten. 1964. (1182)

Elemente der Funktionentheorie von *K. Knopp †*. 6. Auflage. 144 Seiten, 23 Figuren. 1963. (1109)

Funktionentheorie von *K. Knopp †*. 2 Bände. 10. Auflage.
I: Grundlagen der allgemeinen Theorie der analytischen Funktionen. 144 Seiten, 8 Figuren. 1961. (668)
II: Anwendungen und Weiterführung der allgemeinen Theorie. 130 Seiten, 7 Figuren. 1962. (703)

Aufgabensammlung zur Funktionentheorie von *K. Knopp †*. 2 Bände.
I: Aufgaben zur elementaren Funktionentheorie. 6. Auflage. 135 Seiten. 1962. (877)
II: Aufgaben zur höheren Funktionentheorie. 5. Auflage. 151 Seiten. 1959. (878)

Differential- und Integralrechnung von *M. Barner*. (Früher *Witting*). 4 Bände.
I: Grenzwertbegriff, Differentialrechnung. 2., durchgesehene Auflage. 176 Seiten, 39 Figuren. 1963. (86)

Gewöhnliche Differentialgleichungen von *G. Hoheisel*. 6., neubearbeitete und erweiterte Auflage. 128 Seiten. 1960. (920)

Partielle Differentialgleichungen von *G. Hoheisel*. 4., durchgesehene Auflage. 128 Seiten. 1960. (1003)

Aufgabensammlung zu den gewöhnlichen und partiellen Differentialgleichungen von *G. Hoheisel*. 5., durchgesehene und verbesserte Auflage. 124 Seiten. 1964. (1059/1059a)

Integralgleichungen von *G. Hoheisel*. 2., neubearbeitete und erweiterte Auflage. 112 Seiten. 1963. (1099)

Mengenlehre von *E. Kamke*. 4., verbesserte Auflage. 194 Seiten, 6 Figuren. 1962. (999/999a)

Gruppentheorie von *L. Baumgartner*. 4., neubearbeitete Auflage. 110 Seiten, 3 Tafeln. 1964. In Vorbereitung. (837)

Ebene und sphärische Trigonometrie von *G. Hessenberg †*. 5. Auflage, durchgesehen von *H. Kneser*. 172 Seiten, 60 Figuren. 1957. (99)

Darstellende Geometrie von *W. Haack*. 3 Bände.
I: Die wichtigsten Darstellungsmethoden. Grund- und Aufriß ebenflächiger Körper. 4., durchgesehene und ergänzte Auflage. 113 Seiten, 120 Abbildungen. 1963. (142)
Körper mit krummen Begrenzungsflächen. Kotierte Projektionen. 3., durchgesehene Auflage. 129 Seiten, 86 Abbildungen. 1962. (143)
Axonometrie und Perspektive. 2., durchgesehene und ergänzte Auflage. 129 Seiten, 100 Abbildungen. 1962. (144)

Analytische Geometrie von *K. P. Grotemeyer*. 2., erweiterte Auflage. 218 Seiten, 73 Abbildungen. 1962. (65/65a)

Nichteuklidische Geometrie. Hyperbolische Geometrie der Ebene von *R. Baldus †*. Durchgesehen und herausgegeben von *F. Löbell*. 4., verbesserte Auflage. 140 Seiten, 70 Figuren. 1964. (970)

Differentialgeometrie von *K. Strubecker* (früher *Rothe*). 3 Bände.
I: Kurventheorie der Ebene und des Raumes. 2. Auflage. 200 Seiten, 18 Figuren. 1964. In Vorbereitung. (1113/1113a)

Theorie der Flächenmetrik. 195 Seiten, 14 Figuren. 1958. (1179/1179a)
III: Theorie der Flächenkrümmung. 254 Seiten, 38 Figuren. 1959. (1180/1180a)

Variationsrechnung von *L. Koschmieder*. 2 Bände. 2., neubearbeitete Auflage.
I: Das freie und gebundene Extrem einfacher Grundintegrale. 128 Seiten, 23 Figuren. 1962. (1074)
II: Anwendung klassischer Verfahren auf allgemeine Fragen des Extrems. — Neuere unmittelbare Verfahren. In Vorbereitung. (1075)

Einführung in die konforme Abbildung von *L. Bieberbach*. 5., erweiterte Auflage. 180 Seiten, 42 Figuren. 1956. (768/768a)

Vektoren und Matrizen von *S. Valentiner*. 3. Auflage. (10., erweiterte Auflage der „Vektoranalysis"). Mit Anhang: Aufgaben zur Vektorrechnung von *H. König*. 206 Seiten, 35 Figuren. 1963. (354/354a)

Wahrscheinlichkeitstheorie und Grundzüge der Maßtheorie von *H. Bauer*. 2 Bände.
I: 1964. Im Druck. (1216)
II: In Vorbereitung. (1217)

Versicherungsmathematik von *F. Böhm*. 2 Bände.
I: Elemente der Versicherungsrechnung. 3., vermehrte und verbesserte Auflage. Durchgesehener Neudruck. 151 Seiten. 1953. (180)
Lebensversicherungsmathematik. Einführung in die technischen Grundlagen der Sozialversicherung. 2., verbesserte und vermehrte Auflage 205 Seiten. 1953. (917/917a)

Finanzmathematik von *M. Nicolas* 192 Seiten, 11 Tafeln, 8 Tabellen und 72 Beispiele. 1959. (1183/1183a)

Kinematik von *H. R. Müller*. 171 Seiten, 75 Figuren. 1963. (584/584a)

Physik

Einführung in die theoretische Physik von *W. Döring*. 5 Bände.
I: Mechanik. 2., verbesserte Auflage. 123 Seiten, 25 Abbildungen. 1960. (76)
Das elektromagnetische Feld. 2., verbesserte Auflage. 132 Seiten, 15 Abbildungen. 1962. (77)
Optik. 2., verbesserte Auflage. 117 Seiten, 32 Abbildungen. 1963. (78)
IV: Thermodynamik. 2., verbesserte Auflage. 107 Seiten, 9 Abbildungen. 1964. (374)
V: Statistische Mechanik. 114 Seiten, 12 Abbildungen. 1957. (1017)

Mechanik deformierbarer Körper von *M. Päsler*. 199 Seiten, 48 Abbildungen. 1960. (1189/1189a)

Atomphysik von *K. Bechert, Ch. Gerthsen †* und *A. Flammersfeld*. 7 Bände. 4., durchgesehene Auflage.
I: Allgemeine Grundlagen. 1. Teil von *A. Flammersfeld*. 124 Seiten, 35 Abbildungen. 1959. (1009)
Allgemeine Grundlagen. 2. Teil von *A. Flammersfeld*. 112 Seiten, 47 Abbildungen. 1963. (1033)

III: Theorie des Atombaus. 1. Teil von *K. Bechert*. 148 Seiten, 16 Abbildungen. 1963. (1123/1123a)
IV: Theorie des Atombaus. 2. Teil von *K. Bechert*. 170 Seiten, 14 Abbildungen. 1963. (1165/1165a)

Differentialgleichungen der Physik von *F. Sauter*. 3., durchgesehene und ergänzte Auflage. 148 Seiten, 16 Figuren. 1958. (1070)

Physikalische Formelsammlung von *G. Mahler†*. Fortgeführt von *K. Mahler*. Neubearbeitet von *H. Graewe*. 11. Auflage. 167 Seiten, 69 Figuren. 1963. (136)

Physikalische Aufgabensammlung von *G. Mahler †*. Neubearbeitet von *H. Graewe*. Mit den Ergebnissen. 12. Auflage. 127 Seiten. 1964. (243)

Chemie

Geschichte der Chemie in kurzgefaßter Darstellung von *G. Lockemann*. 2 Bände.
I: Vom Altertum bis zur Entdeckung des Sauerstoffs. 2. Auflage. 142 Seiten, 8 Bildnisse. In Vorbereitung. (264)
II: Von der Entdeckung des Sauerstoffs bis zur Gegenwart. 151 Seiten, 16 Bildnisse. 1955. (265/265a)

Anorganische Chemie von *W. Klemm*. 13., neubearbeitete und erweiterte Auflage. 255 Seiten, 35 Abbildungen. 1964. (37/37a)

Organische Chemie von *W. Schlenk*. 9., erweiterte Auflage. 273 Seiten, 16 Abbildungen. 1963. (38/38a)

Physikalische Methoden in der Organischen Chemie von *G. Kresze*. 2 Bände.
I: 119 Seiten, 65 Abbildungen. 1962. (44)
II: 164 Seiten. 1962. (45/45a)

Allgemeine und physikalische Chemie von *W. Schulze*. 2 Bände.
I: 5., durchgesehene Auflage. 139 Seiten, 10 Figuren. 1960. (71)
II: 5., verbesserte Auflage. 178 Seiten, 37 Figuren. 1961. (698/698a)

Einfache Versuche zur allgemeinen und physikalischen Chemie von *E. Dehn*. 371 Versuche mit 40 Abbildungen. 272 Seiten. 1962. (1201/1201a)

Molekülbau. Theoretische Grundlagen und Methoden der Strukturermittlung von *W. Schulze*. 123 Seiten, 43 Figuren. 1958. (786)

Physikalisch-chemische Rechenaufgaben von *E. Asmus*. 3., verbesserte Auflage. 96 Seiten. 1958. (445)

Maßanalyse. Theorie und Praxis der klassischen und der elektrochemischen Titrierverfahren von *G. Jander* und *K. F. Jahr*. 10., erweiterte Auflage, mitbearbeitet von *H. Knoll*. 358 Seiten, 56 Figuren. 1963. (221/221a)

Qualitative Analyse von *H. Hofmann* u. *G. Jander*. 2., durchgesehene und verbesserte Auflage. 308 Seiten, 5 Abbildungen. 1963. (247/247a)

Thermochemie von *W. A. Roth †*. 2., verbesserte Auflage. 109 Seiten, 16 Figuren. 1952. (1057)

Stöchiometrische Aufgabensammlung von *W. Bahrdt †* und *R. Scheer.* Mit den Ergebnissen. 7., durchgesehene Auflage. 119 Seiten. 1960. (452)

Elektrochemie von *K. Vetter.* 2 Bände.
I: 1964. In Vorbereitung. (252)
II: 1964. In Vorbereitung. (253)

Technologie

Die Chemie der Kunststoffe von *K. Hamann,* unter Mitarbeit von *W. Funke* und *H. D. Hermann.* 143 Seiten. 1960. (1173)

Warenkunde von *K. Hassak* und *E. Beutel †.* 2 Bände.
I: Anorganische Waren sowie Kohle und Erdöl. 8. Auflage. Neubearbeitet von *A. Kutzelnigg.* 119 Seiten, 18 Figuren. 1958. (222)
Organische Waren. 8. Auflage. Vollständig neubearbeitet von *A. Kutzelnigg.* 157 Seiten, 32 Figuren. 1959. (223)

Die Fette und Öle von *Th. Klug.* 6., verbesserte Auflage. 143 Seiten. 1961. (335)

Die Seifenfabrikation von *K. Braun †.* 3., neubearbeitete und verbesserte Auflage von *Th. Klug.* 116 Seiten, 18 Abbildungen. 1953. (336)

Thermische Verfahrenstechnik von *H. Bock.* 3 Bände.
I: Eigenschaften und Verhalten der realen Stoffe. 164 Seiten. 28 Abbildungen. 1963. (1209/1209a)
Funktionen und Berechnung der elementaren Geräte. In Vorbereitung (1210/1210a)
Fließbilder, ihre Funktion und ihr Zusammenbau aus Geräten. In Vorbereitung. (1211/1211a)

Textilindustrie von *A. Blümcke.*
I: Spinnerei und Zwirnerei. Seiten, 43 Abbildungen. 1954. (184)

Biologie

Einführung in die allgemeine Biologie und ihre philosophischen Grund- und Grenzfragen von *M. Hartmann.* 132 Seiten, 2 Abbildungen. 1956. (96)

Hormone von *G. Koller.* 2., neubearbeitete und erweiterte Auflage. 187 Seiten, 60 Abbildungen, 19 Tabellen. 1949. (1141)

Fortpflanzung im Tier- und Pflanzenreich von *J. Hämmerling.* 2., ergänzte Auflage. 135 Seiten. 101 Abbildungen. 1951. (1138)

Geschlecht und Geschlechtsbestimmung im Tier- und Pflanzenreich von *M. Hartmann.* 2., verbesserte Auflage. 116 Seiten, 61 Abbildungen, 7 Tabellen. 1951. (1127)

Symbiose der Tiere mit pflanzlichen Mikroorganismen von *P. Buchner.* 2., verbesserte und vermehrte Auflage. 130 Seiten, 121 Abbildungen. 1949. (1128)

Grundriß der Allgemeinen Mikrobiologie von *W. u. A. Schwartz.* 2 Bände. 2., verbesserte und ergänzte Auflage.
I: 147 Seiten, 25 Abbildungen. 1960. (1155)
II: 142 Seiten, 29 Abbildungen. 1961. (1157)

Botanik

Entwicklungsgeschichte des Pflanzenreiches von *H. Heil*. 2. Auflage. 138 Seiten, 94 Abbildungen, 1 Tabelle. 1950. (1137)

Morphologie der Pflanzen von *L. Geitler*., 3., umgearbeitete Auflage. 126 Seiten, 114 Abbildungen. 1953. (141)

Pflanzengeographie von *L. Diels †*. 5., völlig neubearbeitete Auflage von *F. Mattick*. 195 Seiten, 2 Karten. 1958. (389/389a)

Die Laubhölzer. Kurzgefaßte Beschreibung der in Mitteleuropa gedeihenden Laubbäume und Sträucher von *F. W. Neger †* und *E. Münch †*. 3., durchgesehene Auflage, herausgegeben von *B. Huber*. 143 Seiten, 63 Figuren, 7 Tabellen. 1950. (718)

Die Nadelhölzer (Koniferen) und übrigen Gymnospermen von *F. W. Neger †* und *E. Münch †*. 4. Auflage, durchgesehen und ergänzt von *B. Huber*. 140 Seiten, 75 Figuren, 4 Tabellen, 3 Karten. 1952. (355)

Pflanzenzüchtung von *H. Kuckuck*. 2 Bände.
- I: Grundzüge der Pflanzenzüchtung. 3., völlig umgearbeitete und erweiterte Auflage. 132 Seiten, 22 Abbildungen. 1952. (1134)
- Spezielle gartenbauliche Pflanzenzüchtung (Züchtung von Gemüse, Obst und Blumen). 178 Seiten, 27 Abbildungen. 1957. (1178/1178a)

Zoologie

Entwicklungsphysiologie der Tiere von *F. Seidel*. 2 Bände.
- I: Ei und Furchung. 126 Seiten, 29 Abbildungen. 1953. (1162)
- II: Körpergrundgestalt und Organbildung. 159 Seiten, 42 Abbildungen. 1953. (1163)

Das Tierreich
- I: Einzeller, Protozoen von *E. Reichenow*. 115 Seiten. 59 Abbildungen. 1956. (444)
- Schwämme und Hohltiere von *H. J. Hannemann*. 95 Seiten, 80 Abbildungen. 1956. (442)
- Würmer. Platt-, Hohl-, Schnurwürmer, Kamptozoen, Ringelwürmer, Protracheaten, Bärtierchen, Zungenwürmer von *S. Jaeckel*. 114 Seiten, 36 Abbildungen. 1955. (439)
- IV, 1: Krebse von *H. E. Gruner* und *K. Deckert*. 114 Seiten, 43 Abbildungen. 1956. (443)
- IV, 2: Spinnentiere (Trilobitomorphen, Fühlerlose) und Tausendfüßler von *A. Kaestner*. 96 Seiten, 55 Abbildungen. 1955. (1161)
- IV, 3: Insekten von *H. von Lengerken*. 128 Seiten, 58 Abbildungen. 1953. (594)
- V: Weichtiere. Urmollusken, Schnecken, Muscheln und Kopffüßer von *S. Jaeckel*. 92 Seiten. 34 Figuren. 1954. (440)
- VI: Stachelhäuter. Tentakulaten, Binnenatmer und Pfeilwürmer von *S. Jaeckel*. 100 Seiten, 46 Abbildungen. 1955. (441)
- VII, 1: Manteltiere, Schädellose, Rundmäuler von *Th. Haltenorth*. In Vorbereitung. (448)

VII, 2: Fische von *D. Lüdemann.* 130 Seiten, 65 Abbildungen. 1955. (356)
VII, 3: Lurche (Chordatiere) von *K. Herter.* 143 Seiten, 129 Abbildungen. 1955. (847)
VII, 4: Kriechtiere (Chordatiere) von *K. Herter.* 200 Seiten, 42 Abbildungen. 1960. (447/447 a)
VII, 5: Vögel (Chordatiere) von *H.-A. Freye.* 156 Seiten, 69 Figuren. 1960. (869)
VII, 6: Säugetiere (Chordatiere) von *Th. Haltenorth.* In Vorbereitung. (282)

Land- und Forstwirtschaft

Landwirtschaftliche Tierzucht. Die Züchtung und Haltung der landwirtschaftlichen Nutztiere von *H. Vogel.* 139 Seiten, 11 Abbildungen. 1952. (228)
Kulturtechnische Bodenverbesserungen von *O. Fauser.* 2 Bände. 5., verbesserte und vermehrte Auflage.
I: Allgemeines, Entwässerung. 127 Seiten, 49 Abbildungen. 1959. (691)
Bewässerung, Ödlandkultur, Flurbereinigung. 159 Seiten, 71 Abbildungen. 1961. (692)
Agrikulturchemie von *K. Scharrer.* 2 Bände.
I: Pflanzenernährung. 143 Seiten. 1953. (329)
II: Futtermittelkunde. 192 Seiten. 1956. (330/330 a)

Geologie, Mineralogie, Kristallographie

Geologie von *F. Lotze.* 2., verbesserte Auflage. 178 Seiten, 80 Abbildungen. 1961. (13)
Erzkunde von *H. von Philipsborn.* In Vorbereitung. (1207)
Mineral- und Erzlagerstättenkunde von *H. Huttenlocher †.* 2 Bände. 2. Auflage.
I: 128 Seiten, 34 Abbildungen. In Vorbereitung. (1014)
II: 156 Seiten, 48 Abbildungen. In Vorbereitung. (1015/1015 a)
Allgemeine Mineralogie. 11., erweiterte Auflage der „Mineralogie" von *R. Brauns †*, neubearbeitet von *K. F. Chudoba.* 152 Seiten, 143 Textfiguren, 1 Tafel, 3 Tabellen. 1963. (29/29 a)
Spezielle Mineralogie. 11., erweiterte Auflage der „Mineralogie" von *R. Brauns †*, bearbeitet von *K. F. Chudoba.* Etwa 170 Seiten, 127 Textfiguren, 4 Tabellen. 1964. (31/31 a)
Petrographie (Gesteinskunde) von *W. Bruhns †.* Neubearbeitet von *P. Ramdohr.* 5., erweiterte Auflage. 141 Seiten, 10 Figuren. 1960. (173)
Kristallographie von *W. Bruhns †.* 5. Auflage, neubearbeitet von *P. Ramdohr.* 109 Seiten, 164 Abbildungen. 1958. (210)
Einführung in die Kristalloptik von *E. Buchwald.* 5., verbesserte Auflage. 128 Seiten, 117 Figuren. 1963. (619/619 a)
Lötrohrprobierkunde. Mineraldiagnose mit Lötrohr und Tüpfelreaktion von *M. Henglein.* 4., durchgesehene und erweiterte Auflage. 108 Seiten, 12 Figuren. 1962. (483)

Technik

Graphische Darstellung in Wissenschaft und Technik von *M. Pirani.* 3., erweiterte Auflage bearbeitet von *J. Fischer* unter Benutzung der von *I. Runge* besorgten 2. Auflage. 216 Seiten, 104 Abbildungen. 1957. (728/728a)

Technische Tabellen und Formeln von *W. Müller.* 5., verbesserte und erweiterte Auflage von *E. Schulze.* 165 Seiten, 114 Abbildungen, 99 Tafeln. 1962. (579)

Einführung in die Arbeitswissenschaft von *H. H. Hilf.* 164 Seiten, 57 Abbildungen. 1964. (1212/1212a)

Grundlagen der Straßenverkehrstechnik. Theorie der Leistungsfähigkeit von *E. Engel.* 101 Seiten, 55 Abbildungen. 1962. (1198)

Elektrotechnik

Grundlagen der allgemeinen Elektrotechnik von *O. Mohr.* 2., durchgesehene Auflage. 260 Seiten, 136 Bilder, 14 Tafeln. 1961. (196/196a)

Die Gleichstrommaschine von *K. Humburg.* 2 Bände. 2., durchgesehene Auflage.
I: 102 Seiten, 59 Abbildungen. 1956. (257)
II: 101 Seiten, 38 Abbildungen. 1956. (881)

Die Synchronmaschine von *W. Putz.* 92 Seiten, 64 Bilder. 1962. (1146)

Induktionsmaschinen von *F. Unger.* 2., erweiterte Auflage. 142 Seiten, 49 Abbildungen. 1954. (1140)

Die komplexe Berechnung von Wechselstromschaltungen von *H. H. Meinke.* 3. Auflage. 180 Seiten, 120 Abbildungen. 1964. In Vorbereitung. (1156/1156a)

Theoretische Grundlagen zur Berechnung der Schaltgeräte von *F. Kesselring.* 3. Auflage. 144 Seiten, 92 Abbildungen. 1950. (711)

Einführung in die Technik selbsttätiger Regelungen von *W. zur Megede.* 2., durchgesehene Auflage. 180 Seiten, 86 Abbildungen. 1961. (714/714a)

Elektromotorische Antriebe (Grundlagen für die Berechnung) von *A. Schwaiger.* 3., neubearbeitete Auflage. 96 Seiten, 34 Abbildungen. 1952. (827)

Überspannungen und Überspannungsschutz von *G. Frühauf.* Durchgesehener Neudruck. 122 Seiten, 98 Abbildungen. 1950. (1132)

Elektrische Höchstspannungs-Schaltanlagen für Freiluft und Innenanordnung von *G. Meiners* und *K.-H. Wiesenewsky.* 138 Seiten, 58 Abbildungen. 1964. (796/796a)

Transformatoren von *W. Schäfer.* 4., überarbeitete und ergänzte Auflage. 130 Seiten, 73 Abbildungen. 1962. (952)

Maschinenbau

Metallkunde von *H. Borchers.* 3 Bände. 5., ergänzte und durchgesehene Auflage.
I: Aufbau der Metalle und Legierungen. 120 Seiten, 90 Abbildungen, 2 Tabellen. 1962. (432)
II: Eigenschaften, Grundzüge der Form- und Zustandsgebung. 182 Seiten, 107 Abbildungen, 10 Tabellen. 1963. (433/433a)
III: Die metallkundlichen Untersuchungsmethoden von *E. Hanke.* In Vorbereitung. (434)

Die Werkstoffe des Maschinenbaues von *A. Thum †* und *C. M. v. Meysenbug.* 2 Bände.
I: Einführung in die Werkstoffprüfung. 2., neubearbeitete Auflage. 100 Seiten, 7 Tabellen, 56 Abbildungen. 1956. (476)
II: Die Konstruktionswerkstoffe. 132 Seiten, 40 Abbildungen. 1959. (936)

Dynamik von *W. Müller.* 2 Bände. 2., verbesserte Auflage.
I: Dynamik des Einzelkörpers. 128 Seiten, 48 Figuren. 1952. (902)
II: Systeme von starren Körpern. 102 Seiten, 41 Figuren. 1952. (903)

Technische Schwingungslehre von *L. Zipperer.* 2 Bände. 2., neubearbeitete Auflage.
I: Allgemeine Schwingungsgleichungen, einfache Schwinger. 120 Seiten, 101 Abbildungen. 1953. (953)
II: Torsionsschwingungen in Maschinenanlagen. 102 Seiten, 59 Abbildungen. 1955. (961/961a)

Werkzeugmaschinen für Metallbearbeitung von *K. P. Matthes.* 2 Bände.
I: 100 Seiten, 27 Abbildungen, 11 Zahlentafeln, 1 Tafelanhang. 1954. (561)
II: Fertigungstechnische Grundlagen der neuzeitlichen Metallbearbeitung. 101 Seiten, 30 Abbildungen, 5 Tafeln. 1955. (562)

Das Maschinenzeichnen mit Einführung in das Konstruieren von *W. Tochtermann.* 2 Bände. 4. Auflage.
I: Das Maschinenzeichnen. 156 Seiten, 75 Tafeln. 1950. (589)
II: Ausgeführte Konstruktionsbeispiele. 130 Seiten, 58 Tafeln. 1950. (590)

Die Maschinenelemente von *E. A. vom Ende †.* 4., überarbeitete Auflage. 184 Seiten, 179 Figuren, 11 Tafeln. 1963. (3/3a)

Die Maschinen der Eisenhüttenwerke von *L. Engel.* 156 Seiten, 95 Abbildungen. 1957. (583/583a)

Walzwerke von *H. Sedlaczek †* unter Mitarbeit von *F. Fischer* und *M. Buch.* 232 Seiten, 157 Abbildungen. 1958. (580/580a)

Getriebelehre von *P. Grodzinski †.* 2 Bände. 3., neubearbeitete Auflage von *G. Lechner.*
Geometrische Grundlagen. 164 Seiten, 131 Figuren. 1960. (1061)
II: Angewandte Getriebelehre. In Vorbereitung. (1062)

Kinematik von *H. R. Müller.* 171 Seiten, 75 Figuren. 1963. (584/584a)

Gießereitechnik von *H. Jungbluth.* 2 Bände.
I: Eisengießerei. 126 Seiten, 44 Abbildungen. 1951. (1159)

Die Dampfturbinen. Ihre Wirkungsweise, Berechnung und Konstruktion von *C. Zietemann.* 3 Bände.
I: Theorie der Dampfturbinen. 4. Auflage. 139 Seiten, 48 Abbildungen. 1964. In Vorbereitung. (274)
Die Berechnung der Dampfturbinen und die Konstruktion der Einzelteile. 4., verbesserte Auflage. 132 Seiten, 111 Abbildungen. 1964. In Vorbereitung. (715)
Die Regelung der Dampfturbinen, die Bauarten, Turbinen für Sonderzwecke, Kondensationsanlagen. 3., verbesserte Auflage. 126 Seiten, 90 Abbildungen. 1956. (716)

Verbrennungsmotoren von *W. Endres.* 3 Bände.
I: Überblick. Motor-Brennstoffe. Verbrennung im Motor allgemein, im Otto- und Diesel-Motor. 153 Seiten, 57 Abbildungen. 1958. (1076/1076a)
Die heutigen Typen der Verbrennungskraftmaschine. In Vorbereitung. (1184)
Die Einzelteile des Verbrennungsmotors. In Vorbereitung. (1185)

Autogenes Schweißen und Schneiden von *H. Niese.* 5. Auflage, neubearbeitet von *A. Küchler.* 136 Seiten, 71 Figuren. 1953. (499)

Die elektrischen Schweißverfahren von *H. Niese.* 2. Auflage, neubearbeitet von *H. Dienst.* 136 Seiten, 58 Abbildungen. 1955. (1020)

Die Hebezeuge. Entwurf von Winden und Kranen von *G. Tafel.* 2., verbesserte Auflage. 176 Seiten, 230 Figuren. 1954. (414/414a)

Wasserbau

Wasserkraftanlagen von *A. Ludin* unter Mitarbeit von *W. Borkenstein.* 2 Bände.
I: Planung, Grundlagen und Grundzüge. 124 Seiten, 60 Abbildungen. 1955. (665)
Anordnung und Ausbildung der Hauptbauwerke. 184 Seiten, 91 Abbildungen. 1958. (666/666a)

Verkehrswasserbau von *H. Dehnert.* 3 Bände.
I: Entwurfsgrundlagen, Flußregelungen. 103 Seiten, 53 Abbildungen. 1950. (585)
Flußkanalisierung und Schiffahrtskanäle. 94 Seiten, 60 Abbildungen. 1950. (597)
Schleusen und Hebewerke. 98 Seiten, 70 Abbildungen. 1950. (1152)

Wehr- und Stauanlagen von *H. Dehnert.* 134 Seiten, 90 Abbildungen. 1952. (965)

Talsperren von *F. Tölke.* 122 Seiten, 70 Abbildungen. 195 . (1044)

Vermessungswesen

Vermessungskunde von *W. Großmann.* 3 Bände.
I: Stückvermessung und Nivellieren. 11., verbesserte Auflage. 144 Seiten, 117 Figuren. 1962. (468)
II: Horizontalaufnahmen und ebene Rechnungen. 9., verbesserte Auflage. 136 Seiten, 101 Figuren. 1963. (469)
III: Trigonometrische und barometrische Höhenmessung. Tachymetrie und Absteckungen. 8. Auflage. 136 Seiten, 97 Figuren. 1964. (862)

Kartographie von *V. Heissler.* 213 Seiten, 125 Abbildungen, 8 Anlagen. 1962. (30/30a)

Photogrammetrie von *G. Lehmann.* 189 Seiten, 132 Abbildungen. 1959. (1188/1188a)

Hoch- und Tiefbau

Die wichtigsten Baustoffe des Hoch- und Tiefbaus von *O. Graf †.* 4., verbesserte Auflage. 131 Seiten, 63 Abbildungen. 1953. (984)

Baustoffverarbeitung und Baustellenprüfung des Betons von *A. Kleinlogel.* 2., neubearbeitete und erweiterte Auflage. 126 Seiten, 35 Abbildungen. 1951. (978)

Festigkeitslehre. 2 Bände.
I: Elastizität, Plastizität und Festigkeit der Baustoffe und Bauteile von *W. Gehler †* und *W. Herberg.* Durchgesehener und erweiterter Neudruck. 159 Seiten, 118 Abbildungen. 1952. (1144)
II: Formänderung, Platten, Stabilität und Bruchhypothesen von *W. Herberg* und *N. Dimitrov.* 187 Seiten, 94 Abbildungen. 1955. (1145/1145a)

Grundlagen des Stahlbetonbaus von *A. Troche.* 2., neubearbeitete und erweiterte Auflage. 208 Seiten, 75 Abbildungen, 17 Bemessungstafeln, 20 Rechenbeispiele. 1953. (1078)

Statik der Baukonstruktionen von *A. Teichmann.* 3 Bände.
I: Grundlagen. 101 Seiten, 51 Abbildungen, 8 Formeltafeln. 1956. (119)
II: Statisch bestimmte Stabwerke. 107 Seiten, 52 Abbildungen, 7 Tafeln. 1957. (120)
III: Statisch unbestimmte Systeme. 112 Seiten, 34 Abbildungen, 7 Formeltafeln. 1958. (122)

Fenster, Türen, Tore aus Holz und Metall. Eine Anleitung zu ihrer guten Gestaltung, wirtschaftlichen Bemessung und handwerksgerechten Konstruktion von *W. Wickop †*. 4., überarbeitete und ergänzte Auflage. 155 Seiten, 95 Abbildungen. 1955. (1092)

Heizung und Lüftung von *W. Körting*. 2 Bände. 9., neubearbeitete Auflage.
I: Das Wesen und die Berechnung der Heizungs- und Lüftungsanlagen. 171 Seiten, 29 Abbildungen, 36 Zahlentafeln. 1962. (342/342a)
II: Die Ausführung der Heizungs- und Lüftungsanlagen. 1964. In Vorbereitung. (343)

Industrielle Kraft- und Wärmewirtschaft von *F. A. F. Schmidt* und *A. Beckers*. 167 Seiten, 73 Abbildungen. 1957. (318/318a)

Sammlung Göschen / Bandnummernfolge

1 Langosch, Der Nibelunge Nôt
3/3a v. Ende, Maschinenelemente
10 Jiriczek-Wisniewski, Kudrun- und Dietrich-Epen
13 Lotze, Geologie
18 Maurer, Hartmann von Aue. Der arme Heinrich
19 Altheim, Römische Geschichte I
20 Hofstaetter, Dt. Sprachlehre
22 Maurer, Gottfried von Strassburg
29/29a Brauns-Chudoba, Allgemeine Mineralogie
30/30a Heissler, Kartographie
31/31a Brauns-Chudoba, Spezielle Mineralogie
32 Schneider-Wisniewski, Deutsche Heldensage
35 Treue, Dt. Geschichte von 1648—1740
37/37a Klemm, Anorganische Chemie
38/38a Schlenk, Organische Chemie
39 Treue, Dt. Geschichte von 1713—1806
42 Behn-Hoernes, Vorgeschichte Europas
44 Kresze, Physikalische Methoden in der Organischen Chemie I
45/45a Kresze, Physikalische Methoden in der Organischen Chemie II
47 Fischer-Rohrbach, Arithmetik
51/51a Ringleb, Mathem. Formelsammlung
52 Bieler Röm. Literaturgesch. I
59 Krahe, Indog. Sprachwiss. I
60 Biehle, Stimmkunde
61 Biele, Redetechnik
64 Krahe, Indog. Sprachwiss. II
65/65a Grotemeyer, Analyt. Geometrie
66 Berneker-Vasmer, Russische Grammatik
70 Nestle-Liebich, Gesch. d. griechischen Literatur I
71 Schulze, Allgemeine und physikalische Chemie I
76 Döring, Einf. i. d. th. Physik I
77 Döring, Einf. i. d. th. Physik II
78 Döring, Einf. i. d. th. Physik III
79/79a Hempel, Got. Elementarbuch
80 Weigert, Stilkunde I
81 Schubert-Haussner-Erlebach, Vierstell. Logarithmentafeln
86 Barner, Differential- u. Integralrechnung I
96 Hartmann, Einf. in die allgem. Biologie
99 Hessenberg-Kneser, Ebene und sphär. Trigonometrie
101 v. Wiese, Soziologie
103 Dahrendorf, Industrie- und Betriebssoziologie
104/104a Hofstätter, Sozialpsychologie
111 Hoffmann-Debrunner, Gesch. der griechischen Sprache I
114 Debrunner, Gesch. der griechischen Sprache II
117 Brandenstein, Griechische Sprachwissenschaft I
118/118a Brandenstein, Griechische Sprachwissenschaft II
119 Teichmann, Statik der Baukonstruktionen I
120 Teichmann, Statik der Baukonstruktionen II
122 Teichmann, Statik der Baukonstruktionen III

128/128a Lausberg, Romanische Sprachwissenschaft I
136 Mahler-Graewe, Physikal. Formelsammlung
141 Geitler, Morphologie der Pflanzen
142 Haack, Darst. Geometrie I
143 Haack, Darst. Geometrie II
144 Haack, Darst. Geometrie III
145 Weimer, Gesch. der Pädagogik
148 Kolms, Finanzwissenschaft I
156/156a Landmann, Philosophische Anthropologie
170 Oehlmann, Musik des 19. Jhs.
171/171a Oehlmann, Musik des 20. Jhs.
173 Bruhns-Ramdohr, Petrographie
174 Schlingloff, Religion des Buddhismus I
180 Böhm, Versicherungsmathematik I
184 Blümcke, Textilindustrie I
196/196a Mohr, Grundlagen der allgem. Elektrotechnik
200/200a Gottschald, Dt. Rechtschreibungswörterbuch
210 Bruhns-Ramdohr, Kristallographie
220/220a Moser, Allg. Musiklehre
221/221a Jander-Jahr-Knoll, Maßanalyse
222 Hassak-Beutel-Kutzelnigg, Warenkunde I
223 Hassak-Beutel-Kutzelnigg, Warenkunde II
226/226a Hofmann, Gesch. der Mathematik I
228 Vogel, Landw. Tierzucht
231/231a Ehrlich, Gesch. Israels
238 Krahe, Germ. Sprachwiss. I
243 Mahler-Graewe, Physikal. Aufgabensammlung
247/247a Hofmann-Jander, Qualitative Analyse
250 Lausberg, Romanische Sprachwissenschaft II
252 Vetter, Elektrochemie I
253 Vetter, Elektrochemie II
257 Humburg, Gleichstrommaschine I
264 Lockemann, Gesch. der Chemie I
265/265a Lockemann, Geschichte der Chemie II
270 Kirn, Einführung in die Geschichtswissenschaft
274 Zietemann, Dampfturbinen I
279 Jacob-Hohenleutner, Quellenkunde der deutschen Geschichte I
280 Jacob-Hohenleutner, Quellenkunde der deutschen Geschichte II
281 Leisegang, Einführung in die Philosophie
282 Haltenorth, Säugetiere
284 Jacob-Weden, Quellenkunde der deutschen Geschichte III
318/318a Schmidt-Beckers, Industrielle Kraft- u. Wärmewirtschaft
319 Krug, Australien und Ozeanien
329 Scharrer, Agrikulturchemie I
330/330a Scharrer, Agrikulturchemie II
335 Klug, Fette und Öle
336 Braun-Klug, Seifenfabrikation
342/342a Körting, Heizung und Lüftung I
343 Körting, Heizung und Lüftung II
344 Moser, Musikästhetik
354/354a Valentiner-König, Vektoren und Matrizen
355 Neger-Münch-Huber, Nadelhölzer
356 Lüdemann, Fische
374 Döring, Einführung in die theoret. Physik IV
375 Preller, Geschichte Englands I
389/389a Diels-Mattick, Pflanzengeographie
391 Kolms, Finanzwissenschaft II
394/394a Schilling, Von der Renaissance bis Kant
414/414a Tafel, Hebezeuge
422 Gottschald, Dt. Personennamen
423 Adler-Erlebach, Fünfstellige Logarithmen
432 Borchers, Metallkunde I
433/433a Borchers, Metallkunde II

434 Borchers-Hanke, Metallkunde III
435 Burau, Algebr. Kurven u. Flächen I
436/436a Burau, Algebr. Kurven und Flächen II
439 Jaeckel, Würmer
440 Jaeckel, Weichtiere
441 Jaeckel, Stachelhäuter
442 Hannemann, Schwämme und Hohltiere
443 Gruner-Deckert, Krebse
444 Reichenow, Einzeller
445 Asmus, Physikal.-chem. Rechenaufgaben
447/447a Herter, Kriechtiere
448 Haltenorth, Manteltiere
452 Bahrdt-Scheer, Stöchiometrische Aufgabensammlung
468 Großmann, Vermessungskunde I
469 Großmann, Vermessungskunde II
476 Thum-Meysenbug, Die Werkstoffe des Maschinenbaues I
483 Henglein, Lötrohrprobierkunde
492 Stolz-Debrunner, Geschichte der lateinischen Sprache
499 Niese-Küchler, Autogenes Schweißen
500 Simmel, Hauptprobleme der Philosophie
536 Lehmann, Kant
538 Rumpf, Archäologie I
539 Rumpf, Archäologie II
540 Rumpf, Archäologie III
557 Nestle-Liebich, Gesch. der griech. Literatur II
561 Matthes, Werkzeugmaschinen I
562 Matthes, Werkzeugmaschinen II
564 Behn-Hoernes, Kultur der Urzeit I
565 Behn-Hoernes, Kultur der Urzeit II
566 Behn-Hoernes, Kultur der Urzeit III
571 Lehmann, Philosophie des 19. Jahrhunderts I
576/576a Moser, Gesangskunst
579 Müller-Schulze, Techn. Tabellen
580/580a Sedlaczek-Fischer-Buch, Walzwerke
583/583a Engel, Maschinen der Eisenhüttenwerke
584/584a Müller, Kinematik
585 Dehnert, Verkehrswasserbau I
587 Kalitsunakis-Steinmetz, Neugriech.-dt. Gesprächsbuch
589 Tochtermann, Maschinenzeichnen I
590 Tochtermann, Maschinenzeichnen II
594 v. Lengerken, Insekten
597 Dehnert, Verkehrswasserbau II
601 Mutschmann-Scherer, Engl. Phonetik
619/619a Buchwald, Kristalloptik
665 Ludin-Borkenstein, Wasserkraftanlagen I
666/666a Ludin-Borkenstein, Wasserkraftanlagen II
668 Knopp, Funktionentheorie I
677 Altheim, Röm. Geschichte II
679 Altheim, Röm. Geschichte III
684 Altheim, Röm. Geschichte IV
691 Fauser, Kulturtechn. Bodenverbesserungen I
692 Fauser, Kulturtechn. Bodenverbesserungen II
698/698a Schulze, Allgemeine u. physikalische Chemie II
703 Knopp, Funktionentheorie II
709 Lehmann, Philosophie des 19. Jahrhunderts II
711 Kesselring, Berechnung der Schaltgeräte
714/714a zur Megede, Technik selbsttätiger Regelungen
715 Zietemann, Dampfturbinen II
716 Zietemann, Dampfturbinen III
718 Neger-Münch-Huber, Laubhölzer
728/728a Pirani-Fischer-Runge, Graph. Darstellung in Wissenschaft u. Technik
735 Ekwall, Historische neuengl. Laut- und Formenlehre

746/746a Pfanzagl, Allg. Methodenlehre der Statistik I
747/747a Pfanzagl, Allg. Methodenlehre der Statistik II
756/756a Kalitsunakis, Gramm. d. Neugriech. Volksspr.
763/763a Beer-Meyer, Hebräische Grammatik I
764/764a Beer-Meyer, Hebräische Grammatik II
768/768a Bieberbach, Einführung in die konforme Abbildung
769/769a Beer-Meyer, Hebräisches Textbuch
770 Schlingloff, Religion des Buddhismus II
776 Kolms, Finanzwissensch. III
780 Krahe, Germ. Sprachwiss. II
781 Weigert, Stilkunde II
782 Kolms, Finanzwissensch. IV
786 Schulze, Molekülbau
796/796a Meiners-Wiesenewsky, Elektr. Höchstspannungs-Schaltanlagen
807 Kropp, Erkenntnistheori
809 Moser, Harmonielehre I
810 Moser, Harmonielehre II
826 Koch, Philosophie d. Mittelalters
827 Schwaiger, Elektromotorische Antriebe
831 Erismann, Allg. Psychologie I
832/382a Erismann, Allg. Psychologie II
833 Erismann, Allg. Psychologie III
834/834a Erismann, Allg. Psychologie IV
837 Baumgartner, Gruppentheorie
845 Lehmann, Philosophie im ersten Drittel des 20. Jhs. I
847 Herter, Lurche
850 Lehmann, Philosophie im ersten Drittel des 20. Jhs. II
851/851a Moede, Psychologie des Berufs- und Wirtschaftslebens
857 Capelle, Griech. Philosophie I
858 Capelle, Griech. Philos. II
859 Capelle, Griech. Philos. III
862 Großmann, Vermessungskunde III
863 Capelle, Griech. Philos. IV
866 Bieler, Röm. Literaturgeschichte II
869 Freye, Vögel
875 Hofmann, Geschichte der Mathematik II
877 Knopp Aufgabensammlung zur Funktionentheorie I
878 Knopp. Aufgabensammlung zur Funktionentheorie II
881 Humburg, Gleichstrommaschine II
882 Hofmann, Geschichte der Mathematik III
883 Stuloff, Mathematik der neuesten Zeit
893 Treue, Dt. Geschichte von 1806—1890
894 Treue, Dt. Geschichte von 1890 bis zur Gegenwart
902 Müller, Dynamik I
903 Müller, Dynamik II
910 Jaeger, Afrika I
911 Jaeger Afrika II
915 Sperber-Fleischhauer, Gesch. der Deutschen Sprache
917/917a Böhm, Versicherungsmathematik II
920 Hoheisel, Gewöhnliche Differentialgleichungen
921 Jantzen-Kolb, W. v. Eschenbach. Parzival
929 Schirmer-Mitzka, Dt. Wortkunde
930 Krull, Elementare und klassische Algebra I
931 Hasse, Höhere Algebra I
932 Hasse, Höhere Algebra II
933 Krull, Elementare und klassische Algebra II
936 Thum-Meysenbug, Werkstoffe d. Maschinenbaues II
952 Schäfer, Transformatoren
953 Zipperer, Techn. Schwingungslehre I
961/961a Zipperer, Techn. Schwingungslehre II
965 Dehnert, Wehr- und Stauanlagen
970 Baldus-Löbell, Nichteuklidische Geometrie

978 Kleinlogel, Baustoffverarbeitung und Baustellenprüfung d. Betons
984 Graf, Baustoffe des Hoch- und Tiefbaues
999/999a Kamke, Mengenlehre
1000 Jaspers, Geistige Situat. der Zeit
1003 Hoheisel, Partielle Differentialgleichung
1008/1008a Mellerowicz, Allgem. Betriebswirtschaftslehre I
1009 Bechert-Gerthsen-Flammersfeld, Atomphysik I
1014 Huttenlocher, Mineral- und Erzlagerstättenkunde I
1015/1015a Huttenlocher, Mineral- u. Erzlagerstättenkunde II
1017 Döring, Einführung in die theoret. Physik V
1020 Niese-Dienst, Elektrische Schweißverfahren
1031/1031a Apel-Ludz, Philosophisches Wörterbuch
1033 Bechert-Gerthsen-Flammersfeld, Atomphysik II
1034 Kranefeldt-Jung, Therapeutische Psychologie
1035 Altheim, Röm. Religionsgeschichte I
1039 Dovifat, Zeitungslehre I
1040 Dovifat, Zeitungslehre II
1044 Tölke, Talsperren
1045 Schubert, Technik des Klavierspiels
1051/1051a Stolberg-Wernigerode, Gesch. d. Vereinigten Staaten
1052 Altheim, Röm. Religionsgeschichte II
1057 Roth, Thermochemie
1059/1059a Hoheisel, Aufgabenslg. z. d. gew. u. part. Differentialgl.
1061 Grodzinski-Lechner, Getriebelehre I
1062 Grodzinski-Lechner, Getriebelehre II
1065 Haller-Dannenbauer, Von d. Karolingern zu den Staufern
1070 Sauter, Differentialgleichungen der Physik
1074 Koschmieder, Variationsrechnung I
1075 Koschmieder, Variationsrechnung II
1076/1076a Endres, Verbrennungsmotoren I
1077 Haller-Dannenbauer, Von den Staufern zu den Habsburgern
1078 Troche, Stahlbetonbau
1082 Hasse-Klobe, Aufgabensammlung zur höheren Algebra
1085 Lietzmann-Aland, Zeitrechnung
1086 Müller, Dt. Dichten und Denken
1088 Preller, Gesch. Englands II
1092 Wickop, Fenster, Türen, Tore
1094 Hernried, System. Modulation
1096 Viëtor, Dt. Dichten und Denken
1099 Hoheisel, Integralgleichungen
1105 Hartung, Dt. Geschichte im Zeitalter der Reformation
1108 de Boor-Wisniewski, Mittelhochdeutsche Grammatik
1109 Knopp, Elemente der Funktionentheorie
1111/1111a Naumann-Betz, Althochdt. Elementarbuch
1113/1113a Strubecker, Differentialgeometrie I
1114 Schubel, Engl. Literaturgeschichte I
1115 Ranke, Altnord. Elementarbuch
1116 Schubel, Engl. Literaturgeschichte II
1117 Haller-Dannenbauer, Eintritt der Germanen in die Geschichte
1121 Naumann, Dt. Dichten u. Denken
1122 Feist, Sprechen und Sprachpflege
1123/1123a Bechert-Gerthsen-Flammersfeld, Atomphysik III

1124 Schubel, Engl. Literaturgeschichte III
1125 Lehnert, Altengl. Elementarbuch
1127 Hartmann, Geschlecht u. Geschlechtsbestimmung im Tier- und Pflanzenreich
1128 Buchner, Symbiose der Tiere
1130 Dibelius-Kümmel, Jesus
1131 Scholz-Schoeneberg, Einführung in die Zahlentheorie
1132 Frühauf, Überspannungen
1134 Kuckuck, Pflanzenzüchtung I
1135 Lehnert, Beowulf
1137 Heil, Entwicklungsgesch. d. Pflanzenreiches
1138 Hämmerling, Fortpflanzung im Tier- und Pflanzenreich
1140 Unger, Induktionsmaschine
1141 Koller, Hormone
1142 Meissner-Lehnert, Shakespeare
1144 Gehler-Herberg, Festigkeitslehre I
1145/1145a Herberg-Dimitrov, Festigkeitslehre II
1146 Putz, Synchronmaschine
1147 v. Waltershausen, Kunst d. Dirigierens
1148 Pepping, Der polyphone Satz I
1152 Dehnert, Verkehrswasserbau III
1153/1153a Mellerowicz, Allgem. Betriebswirtschaftslehre II
1154/1154a Mellerowicz, Allgem. Betriebswirtschaftslehre III
1155 Schwartz, Mikrobiologie I
1156/1156a Meinke, Komplexe Berechnungen v. Wechselstromschaltungen
1157 Schwartz, Mikrobiologie II
1158 Mayrhofer, Sanskrit-Grammatik
1159 Jungbluth, Gießereitechnik I
1160 Dibelius-Kümmel, Paulus
1161 Kaestner, Spinnentiere
1162 Seidel, Entwicklungsphysiologie der Tiere I
1163 Seidel, Entwicklungsphysiologie der Tiere II
1164/1164a Pepping, Der polyphone Satz II
1165/1165a Bechert-Gerthsen-Flammersfeld, Atomphysik IV
1169 Paulsen, Allgemeine Volkswirtschaftslehre I
1170 Paulsen, Allgemeine Volkswirtschaftslehre II
1171 Paulsen, Allgemeine Volkswirtschaftslehre III
1172 Paulsen, Allgemeine Volkswirtschaftslehre IV
1173 Hamann-Funke-Hermann, Chemie der Kunststoffe
1176/1176a Lorenzen, Form. Logik
1178/1178a Kuckuck, Pflanzenzüchtung II
1179/1179a Strubecker, Differentialgeometrie II
1180/1180a Strubecker, Differentialgeometrie III
1181 Franz, Topologie I
1182 Franz, Topologie II
1183/1183a Nicolas, Finanzmathematik
1184 Endres, Verbrennungsmotoren II
1185 Endres, Verbrennungsmotoren III
1186/1186a Mellerowicz, Allgem. Betriebswirtschaftslehre IV
1187 Lau, Luther
1188/1188a Lehmann, Photogrammetrie
1189/1189a Päsler, Mechanik
1190 Stupperich, Melanchthon
1191/1191a Bräuer, Slav. Sprachwissenschaft I
1193 Fürstenberg, Wirtschaftssoziologie
1194 Wendt, Gesch. d. Volkswirtschaftslehre
1195 Ohm, Allgem. Volkswirtschaftspolitik I
1196 Ohm, Allgem. Volkswirtschaftspolitik
1197/1197a Onasch, Einf. in die Konfessionskunde der orthodoxen Kirchen
1198 Engel, Straßenverkehrstechnik

1199 Lausberg, Romanische Sprachwissenschaft III, 1. Teil
1200/1200a Lausberg, Romanische Sprachwissenschaft III, 2. Teil
1201/1201a Dehn, Versuche zur allgem. u. phys. Chemie
1202/1202a Nagel, Gesch. des christl. Gottesdienstes
1203 Wendland, Sozialethik
1204 Scheurig, Zeitgeschichte
1205/1205a Hofmann, Ideengeschichte d. soz. Bewegung
1206/1206a Langen, Lineare Programmierung
1207 Philipsborn, Erzkunde
1208 Lausberg, Romanische Sprachwissenschaft IV
1209/1209a Bock, Therm. Verfahrenstechnik I
1210/1210a Bock Therm. Verfahrenstechnik II
1211/1211a Bock, Therm. Verfahrenstechnik III
1212/1212a Hilf, Arbeitswissenschaft
1213 Kosiol, Buchhaltung und Bilanz
1216 Bauer, Wahrscheinlichkeitstheorie I
1217 Bauer, Wahrscheinlichkeitstheorie II
1218 Brandenstein, Griechische Sprachwissenschaft III

Autorenregister

120/I/64

FSC
www.fsc.org
MIX
Papier | Fördert
gute Waldnutzung
FSC® C083411

Zeitfracht Medien GmbH
Ferdinand-Jühlke-Straße 7
99095 Erfurt, Deutschland
produktsicherheit@kolibri360.de